高等职业教育"互联网+"创新型系列教材

产品手绘与数字化表现

主　编　尉　锋　诸葛耀泉　沈　悦
副主编　王任伟　许慧珍　伏兆鑫
参　编　王芃卉　陈方圆　林界平　包　超　宋　涛　沈佳彬　罗　寅

机械工业出版社

本书是国家职业教育产品艺术设计专业教学资源库配套教材，融合了最新的教学理念，细化提炼出手绘中的重要知识点和技能。本书内容包括线与图形、透视基础、产品线稿表现、产品马克笔材质表现和产品 Photoshop 数字化表现，并采用数字化手段，以二维码的形式链接了产品案例视频，以丰富教学手段，提高教学效果，让学生在具体学习手绘知识的过程中掌握表现技法，完成相应工作任务，提升产品美感和绘图水平。

本书可作为职业学校产品艺术设计、工业设计相关专业教材，也可供设计公司职员、手绘设计师及对手绘感兴趣的读者阅读使用，也可作为培训机构的教学用书。

本书配套资源丰富，配有微课视频、电子课件和大量拓展学习资料，凡选用本书作为授课教材的教师可登录 www.cmpedu.com，注册后免费下载。

图书在版编目（CIP）数据

产品手绘与数字化表现／尉锋，诸葛耀泉，沈悦主编. --北京：机械工业出版社，2024. 8. --（高等职业教育"互联网+"创新型系列教材）. -- ISBN 978-7-111-76042-9

Ⅰ．TB472

中国国家版本馆 CIP 数据核字第 20241T6B72 号

机械工业出版社（北京市百万庄大街22号　邮政编码100037）
策划编辑：黎　艳　　　　　　责任编辑：黎　艳　李　乐
责任校对：郑　婕　梁　静　　封面设计：鞠　杨
责任印制：张　博
北京联兴盛业印刷股份有限公司印刷
2024 年 8 月第 1 版第 1 次印刷
260mm×184mm・12 印张・293 千字
标准书号：ISBN 978-7-111-76042-9
定价：54.00 元

电话服务　　　　　　　　　　网络服务
客服电话：010-88361066　　　机　工　官　网：www.cmpbook.com
　　　　　010-88379833　　　机　工　官　博：weibo.com/cmp1952
　　　　　010-68326294　　　金　书　网：www.golden-book.com
封底无防伪标均为盗版　　机工教育服务网：www.cmpedu.com

前言

产品手绘作为工业设计的一门专业基础课程,是设计师表达想法、展现思维过程、造型推敲的重要技能。

本书对传统的教学模式进行了改革,提出新的教学思路和方法,将课堂讲授内容、习题制作成数字课件和视频资料,提前上传至网络学习平台,学生可进行自主学习,完成预习;课堂上将自主学习的作业进行小组讨论和评价,教师总结共性问题,并对这些共性问题进行解读分析和示范,再让学生通过产品案例进行训练,进一步巩固学习效果;课后从习题库中选择拓展案例进行提高加强训练,并将作业上传平台,进行学生互评和教师点评。

新形态下产品手绘课堂教学从教学内容的设计和选择、教学模式与方法的创新和评价上进行客观理性全面改革,使学生获得更加丰富细化的教学内容案例,更加灵活生动而有趣的教学环境,更加多样合理的评价方式,使学生能够更主动地学习,提升学习效果,为将来的专业课学习和就业创造条件。

本书基于上述的教学形式和方法,通过线与图形、透视基础、产品线稿表现、产品马克笔材质表现,以及产品 Photoshop 数字化表现五章内容,为产品艺术设计、工业设计专业学生掌握产品手绘表现的技巧,衔接后续的设计课程学习和将来从事产品设计工作打下良好的基础。

本书第 1~4 章主要由尉锋编写完成,第 5 章主要由诸葛耀泉编写完成,各章节的部分图片和案例由王芃卉、王任伟、许慧珍、沈悦提供完成。同时感谢伏兆鑫、陈方圆、林界平、包超、宋涛、沈佳彬、罗寅等老师对本书撰写提供的宝贵思路和建议。

由于编者水平有限,书中难免存在疏漏之处,敬请读者批评指正!

编 者

目录

前言

第 1 章　线与图形 ································· 001
 1.1　概述与准备 ································· 002
 1.2　线的种类与识别 ······························ 007
 1.3　直线训练 ··································· 013
 1.4　曲线训练 ··································· 020
 1.5　图形训练 ··································· 024

第 2 章　透视基础 ································· 033
 2.1　一点透视 ··································· 035
 2.2　两点透视 ··································· 040
 2.3　三点透视 ··································· 046

第 3 章　产品线稿表现 ····························· 051
 3.1　形体构成与分析 ······························ 052
 3.2　空间形态推演 ································ 057
 3.3　方体类倒角 ·································· 062
 3.4　球体类产品线稿表现 ·························· 066
 3.5　圆柱类产品线稿表现 ·························· 070
 3.6　形体交接类产品线稿表现 ······················ 073
 3.7　截面类产品线稿表现 ·························· 077
 3.8　版面构图 ··································· 081

第 4 章　产品马克笔材质表现 ······················· 089
 4.1　光影基础 ··································· 090
 4.2　马克笔技巧 ·································· 098
 4.3　马克笔形体光影表现 ·························· 105
 4.4　金属材质表现 ································ 110
 4.5　塑料材质表现 ································ 115
 4.6　木料、皮革材质表现 ·························· 118
 4.7　透明材质表现 ································ 121

第 5 章　产品 Photoshop 数字化表现 ················· 125
 5.1　Photoshop 软件基础 ·························· 126
 5.2　儿童刷牙提醒器 Photoshop 表现 ················ 132
 5.3　灭菌器 Photoshop 表现 ······················· 144
 5.4　透明水壶 Photoshop 表现 ····················· 160
 5.5　剃须刀 Photoshop 表现 ······················· 169

参考文献 ··· 186

第1章 线与图形

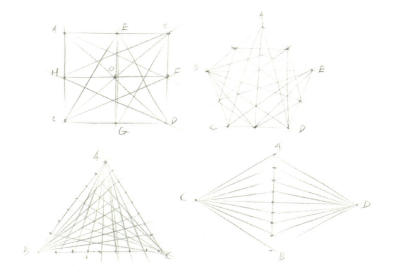

学习目标

1. 掌握什么是产品手绘;
2. 掌握产品手绘的类别;
3. 了解手绘的材料和工具;
4. 掌握产品有哪些线;
5. 掌握线的特点与区别;
6. 掌握产品中线的识别与表现要点;
7. 掌握直线的表现技巧及其产品的表现;
8. 掌握曲线的表现技巧及其产品的表现;
9. 掌握常见图形的表现及其产品的表达。

学习任务

1. 识别产品中的线;
2. 直线表现及其产品训练;
3. 曲线表现及其产品训练;
4. 图形产品表现训练。

素养目标

1. 了解行业手绘概况,建立手绘学习的信心和重要性;
2. 培养精益求精的工匠精神,探求新知并能深入钻研;
3. 建立产品设计整体观,认识、理解线与图形的内容并表现线与图形。

1.1 概述与准备

在概述与准备这部分内容中,大家需要掌握手绘的概念、分类,并了解不同手绘工具的特点,为下一步手绘的开展做好前期的铺垫和准备,如图1-1所示。

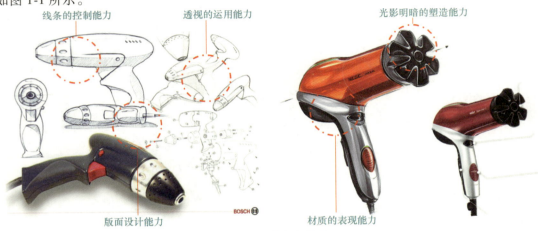

图 1-1 手绘知识能力

一张完整的产品设计手绘图涉及很多知识,如线条的控制、透视的运用、光影明暗的塑造、材质的表现、版面设计等。只有逐个理解透彻这些内容,并通过科学合理的方法进行训练,才有可能真正掌握手绘的方法和技巧,以便应用于后续课程的设计之中。

产品手绘是整个设计流程中的一个节点,是基于前期的市场调研分析而展开的创意发散、构思的视觉化过程,也是衔接后续方案深化、模型构建的重要步骤,如图1-2所示。

图 1-2 设计流程

1.1.1 手绘的概念

手绘是将设计师头脑中无形的创意转化为可知的视觉形象,表现的内容包括产品造型、功能、细节、界面、纹理、使用环境和使用人群等。读者学习手绘的目的是理解产品手绘,掌握手绘表现的类别,以及不同表现技巧,为日后的产品设计奠定基础。图1-3所示为手绘场景。

1.1.2 手绘的分类

根据手绘表现的形式和过程,可以将手绘分为构思草图、马克笔效果图和电脑效果图。

1. 构思草图

构思草图是设计师在进行设计资料分析、构思和推敲过程中形成的草图,如图1-4所示,起快速记录不同创意的作用。

2. 马克笔效果图

马克笔效果图是将构思草图中,可以展开细化的方案从产品造型、色彩、材质、功能、使用方式等比较准确地描画下来,让别人理解你的想法,看懂你的设计,如图1-5所示。

3. 电脑效果图

电脑效果图(图1-6)是设计师在明确设计的所有要素之后,利用电脑二维或三维软件来实现产品的逼真效果。无论软件技术如何发展,设计草图都是方案讨论和展示的快捷、有效的沟通方式。

图1-3 手绘场景

图1-4 形体推敲构思草图

图1-5 剃须刀马克笔效果图

图1-6 电话和耳机电脑效果图

1.1.3 手绘材料的准备

1. 铅笔

铅笔是最容易掌握且易修改的绘图工具,它可以非常精确地表现出细节,并且可以擦除修改,但是容易使画面变脏。铅笔的种类很多，以 HB 为例，H 为 Hardness 的缩写，为硬的意思，H 的字号越大则越硬。B 为 Black 的缩写，为黑的意思，B 的字号越大则越黑。手绘中常用 2B 铅笔进行线稿的绘制，如图 1-7 所示。

2. 彩铅笔

彩铅笔有油性彩铅笔、水溶性彩铅笔、色粉彩铅笔三种类型，如图 1-8 所示。产品手绘一般采用水溶性彩铅笔。彩铅笔是很多设计师采用的手绘工具，比较容易上手，线条粗细过渡自然，表现效果好，黑色彩铅笔一般用于产品的起稿，白色彩铅笔一般用于马克笔上色后的高光点缀。

3. 高光笔

高光笔在手绘中用于马克笔上色后的高光细节表现，可较好地表现出产品的材质效果。一般有 0.7mm、1.0mm、2.0mm 三种规格，有白色、银色和金色，产品高光一般用白色 08 高光笔进行点缀，如图 1-9 所示。

4. 针管笔

针管笔一般用于手绘后期形体轮廓线、分型线的加深。根据粗细不同有 0.05~0.8mm 等不同粗细的笔芯，一般选用 0.5 黑色针管笔加深线条，如图 1-10 所示。

5. 马克笔

马克笔是手绘上色中的重要工具，它分水性、酒精性和油性三种，一般选择油性马克笔作为手绘上色，因为油性马克笔上色均匀，过渡效果好，缺点是有刺激性味道，使用时因为油性马克笔易挥发，不画时需要及时盖上笔帽。一般选择产品类的 80 色以上的油性马克笔，因为灰色系和彩色系相对比较全，能较好地实现色彩搭配与过渡效果，如图 1-11 所示。

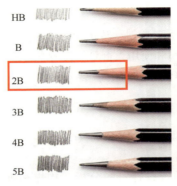
图 1-7 铅笔

图 1-8 彩铅笔

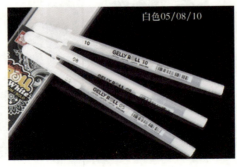
图 1-9 高光笔

图 1-10 针管笔

图 1-11 产品 80 色油性马克笔

6. 直尺

直尺在手绘中经常用于辅助画直线，或者画出笔直的马克笔线条。直尺材料主要为亚克力（图1-12）。

7. 曲线板

曲线板（图1-13）用于曲面类产品形体的刻画，或用于产品轮廓线、分型线的加深等，但需要将曲线板与产品图形进行匹配。

8. 模板尺

模板尺内有不同尺寸的圆形和椭圆形，如图1-14所示，常用于绘制镜头、旋钮等部件。

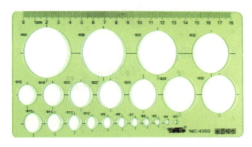

图1-12 直尺　　　　　　　　　图1-13 曲线板　　　　　　　　　图1-14 模板尺

9. 复印纸

复印纸是手绘训练中使用最普遍的纸张，价格便宜且效果较好，一般规格为A4和A3，如图1-15所示。其缺点是用马克笔上色时容易渗透弄脏，需要垫纸使用。

10. 马克笔纸

马克笔纸（图1-16）是比较专业的用纸，较厚、表面光洁，绘画效果较好，且不会渗透，但价格较高。

11. 白卡纸

白卡纸光亮、厚实、整洁、坚挺，适合用水笔、马克笔作画，如图1-17所示。

小结

本节主要介绍了产品手绘的概念、分类，以及用到的工具和材料。准备好相应的工具之后，就可以进入手绘的学习了！

图 1-15　复印纸

图 1-16　马克笔纸

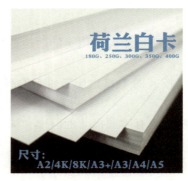
图 1-17　白卡纸

【测一测】

一、填空题

1. 一张完整的产品设计手绘图涉及很多知识，如_____、_____、_____、_____、_____等。
2. 手绘是将设计师头脑中_____转化为_____。
3. 手绘表现的内容包括产品_____、_____、_____、_____、_____、_____和_____等。
4. 手绘分为_____、_____和_____。
5. 常用的笔类工具包括_____、_____、_____、_____、_____。
6. 常用尺类工具包括_____、_____、_____、_____。
7. 常用纸类工具包括_____、_____、_____。

二、判断题

1. 产品手绘是创意发散、构思的视觉化过程，是方案讨论的重要手段。（　　）
2. 构思草图是设计师进行设计资料分析、构思和推敲过程中形成的草图，起快速记录不同创意的作用。（　　）
3. 马克笔效果图是将头脑中构思好的产品的特征、形体、比例、色彩比较随意地描画下来。（　　）

4. 在设计的任何阶段,手绘都是一种快捷、有效的沟通方式。( )
5. 电脑效果图可以还原产品的真实性,但无法代替手绘。( )
6. 油性马克笔上色均匀,过渡效果好,缺点是有刺激性气味。( )
7. 油性马克笔易挥发,不需要及时盖上笔帽。( )
8. 曲线板常用于产品手绘的压边、压轮廓线、分型线等。( )
9. 直尺在手绘中经常用于辅助画直线,或者画出笔直的马克笔线条。( )
10. 复印纸在用马克笔上色时容易渗透弄脏,需要垫纸使用。( )
11. 白卡纸光亮、厚实、整洁、坚挺,适合用水笔、马克笔作画。( )
12. 彩铅线条粗细过渡自然,表现效果好,一般用于产品的起稿,但不容易擦除。( )
13. 铅笔的种类很多,以 HB 为例,H 为 Hardness 的缩写,H 后的数字越大则笔芯越软。( )
14. 以 HB 为例,B 为 Black 的缩写,为黑的意思,B 后的数字越大颜色越浅。( )
15. 高光笔在手绘中用于表现产品的高光细节。( )

1.2 线的种类与识别

产品手绘中的线有长短、粗细、曲直、浓淡、虚实等区别,一件产品由轮廓线、分型线、结构线、剖面线、消失线和明暗交界线等组成,理解好这些线才能表现好产品。

1.2.1 线的种类

产品中线的种类有很多,手绘时需要掌握好这些线,了解它们的特点和区别。

1. 轮廓线

轮廓线是指物体上形体发生转折,且存在看不到的背面,并且随角度和透视的改变而时刻发生变化的线,如图 1-18 所示。

2. 分型线

分型线是指产品不同部件之间的分界线,并且它随角度和透视的改变而时刻发生变化,如图 1-19 所示。

3. 结构线

结构线是指产品各个面发生转折形成的分界线,并且各个面都看得到,如图 1-20 所示。

产品手绘与数字化表现

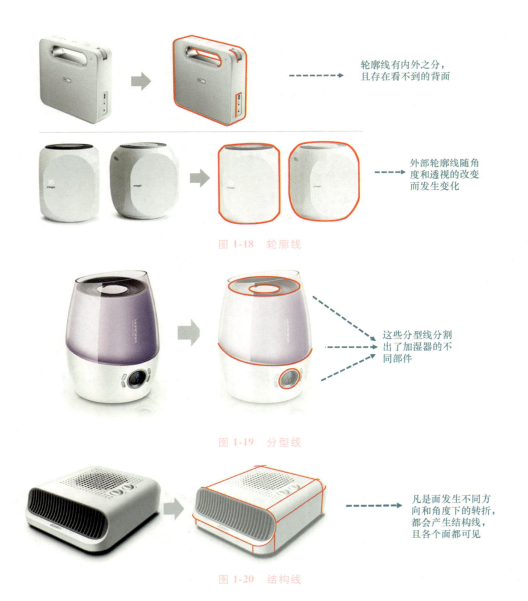

图 1-18　轮廓线

图 1-19　分型线

图 1-20　结构线

4. 剖面线

剖面线是指为了表现产品表面的起伏变化，用一个假想的平面将物体切开的断面线，如图 1-21 所示。剖面线实际不存在，是手绘中的辅助线。

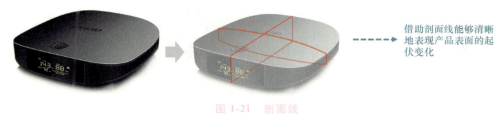

图 1-21　剖面线

5. 消失线

消失线是指产品形体从尖锐剖面过渡到顺滑剖面形成的一种特殊的结构线，如图 1-22 所示。消失线能增强产品面的层次变化。

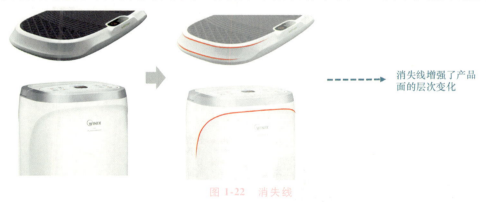

图 1-22　消失线

6. 明暗交界线

明暗交界线是指在产品亮面和暗面交接处形成的较深的条带，该条带宽度会因光源的位置、强度以及物体的材质和形状等不同而有所不同，如图 1-23 所示。

1.2.2　线的识别

一件产品通常包含多种类型的线，需要进行鉴别、分析，才能准确把握。可用不同颜色对产品中的线进行标定，如图 1-24 所示。

图 1-23　明暗交界线

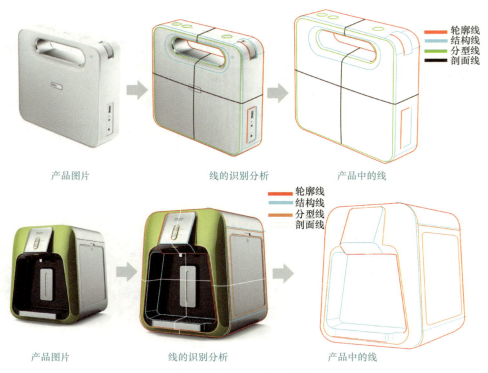

图 1-24　产品中的不同线型

在不同光照条件下，产品中各部件因远近、主次关系的影响，线一般近粗远细、近深远浅。通常情况下，轮廓线、结构线、分型线和明暗交界线画得较深，剖面线、结构线画得较浅，如图1-25所示。

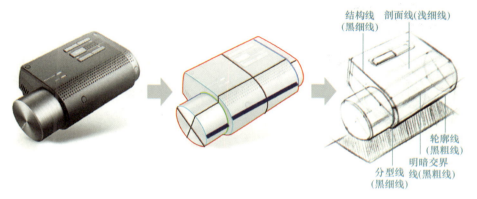

图1-25　产品线的分析与绘制

下面欣赏用线稿表达的微波炉和遥控器，重点关注各种线的粗细浓淡变化，如图1-26和图1-27所示。

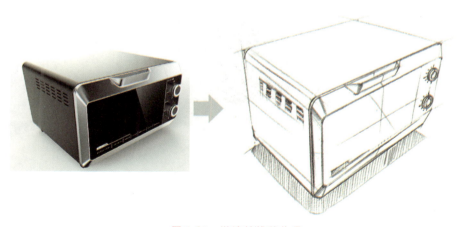

图1-26　微波炉线稿作品

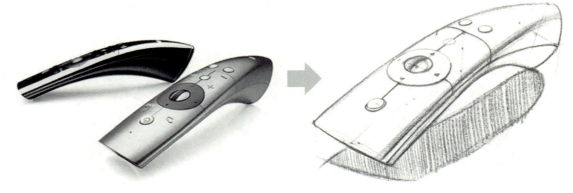

图 1-27　遥控器线稿作品

1.2.3　线的识别习题

在图 1-28 所示的三个产品图上用不同颜色分别标出轮廓线、结构线、分型线和剖面线。

图 1-28　产品线的识别

小结

本节主要介绍了产品手绘中线的种类、概念和特点,以及如何识别这些产品中的线、在画线稿时如何进行表现。

【测一测】

一、填空题

1. 一件产品由_____线、_____线、_____线、_____线、_____线和_____线等组成。
2. 在不同光照条件下,产品中各部件因远近、主次关系的影响,线一般_____,_____。

二、判断题

1. 线有长短、粗细、曲直、深浅、虚实等区别。（   ）
2. 轮廓线是指物体上形体发生转折,且存在背面的交线。（   ）
3. 同一个产品由于角度不同形成的外部轮廓线形状也不一样。（   ）
4. 分型线是指产品不同部件之间的分界线,并且它随角度和透视的改变而时刻发生变化。（   ）
5. 凡是面发生不同方向和角度下的转折都会产生结构线。（   ）
6. 剖面线实际存在,是手绘中的辅助线。（   ）
7. 借助剖面线难以清晰地表现产品表面的起伏变化。（   ）
8. 消失线是一种特殊的结构线。（   ）

1.3 直线训练

产品手绘中的线一般分直线、曲线两类。直线是产品中经常使用的造型元素,常用来表现产品的硬朗风格,一般作为轮廓线、结构线等,图 1-29 所示为直线产品。

只有掌握了握笔姿势和画线技巧才能画出高质量的线。图 1-30 所示为握笔的姿势,需要保持一定的握笔高度,以让眼睛能看到笔尖在纸上画出的轨迹。

1.3.1 直线

直线常用于草图起稿,画出大致产品的形态和透视比例关系。画直线时手肘、手腕需要同步作画,类似机械臂的直线运动,可以通过平行、垂直、倾斜等形式来训练。图 1-31 所示为画直线的技巧。

图 1-29　直线产品

握笔高度不宜太低和太高，保证眼睛能看到笔尖，以及保持画线时手部的舒适性

图 1-30　握笔的姿势

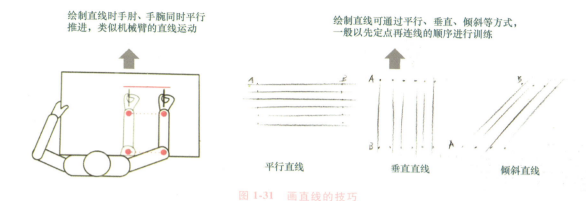

图 1-31 画直线的技巧

1. 中间粗两头细的直线

画中间粗两头细的直线时,需先确定直线的两个端点,手肘、手腕同步在两点之间来回移动,寻找直线轨迹,确定之后再快速画出直线,如图 1-32 所示。

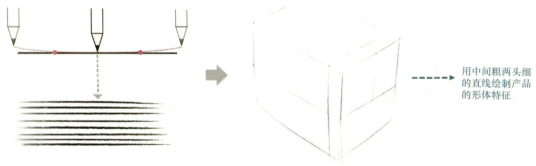

图 1-32 中间粗两头细的直线表现

2. 一头粗一头细的直线

画一头粗一头细的直线时,需先确定直线的两个端点,然后将笔尖置于起点,再通过平行方式快速画至终点,如图 1-33 所示。

3. 粗细均匀的直线

画粗细均匀的直线时,需先确定直线的两个端点,然后将笔尖置于起点,再通过手肘、手腕同步移动将直线匀速拉至终点,如图 1-34 所示。

产品手绘与数字化表现

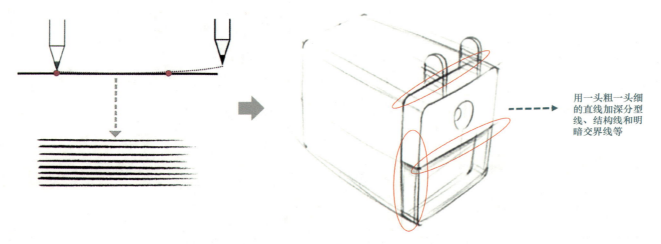

图 1-33　一头粗一头细的直线表现

用一头粗一头细的直线加深分型线、结构线和明暗交界线等

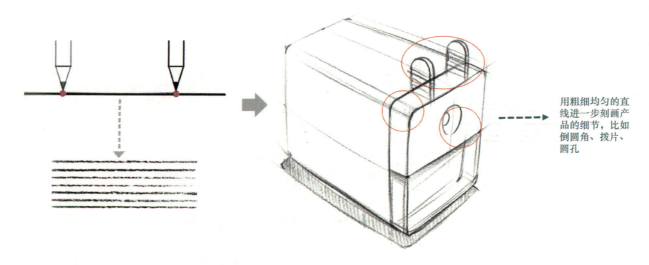

图 1-34　粗细均匀的直线表现

用粗细均匀的直线进一步刻画产品的细节，比如倒圆角、拨片、圆孔

在画直线时，需要避免图 1-35 所示的一些问题。

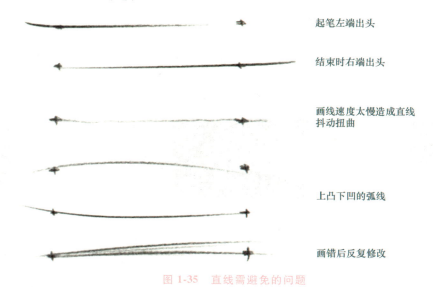

图 1-35　直线需避免的问题

1.3.2　图形直线训练

可以结合几何图形进行直线练习，顺序是先确定图形形状，然后找各边的中点或者等分点，最后连接各端点，如图 1-36 所示。

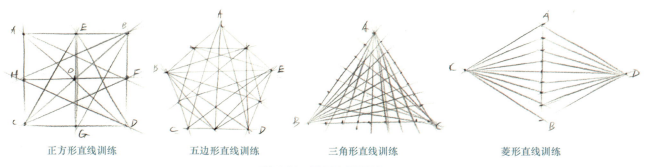

图 1-36　图形直线训练

1.3.3 产品直线训练

1. U盘直线训练

图1-37所示的U盘为上下对称图形,需要先找准图中蓝色各交接点的位置,然后用直线连接各点即可完成线稿图形。

2. 机箱直线训练

图1-38所示的机箱为左右对称图形,需先找准图中红色各交接点的位置,然后用直线连接各点即可完成线稿图形。

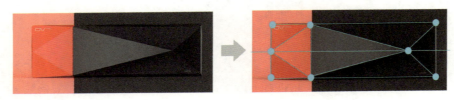

图1-37 U盘直线训练

图1-38 机箱直线训练

1.3.4 直线训练习题

1. 直线训练基础习题

应用直线的表现技巧,画出图1-39所示的各种直线图形。

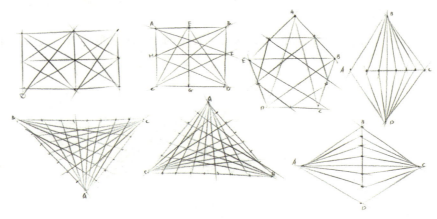

图1-39 直线训练

2. 直线训练拓展习题

根据图 1-40 中的直线产品图片，画出产品的直线图形。

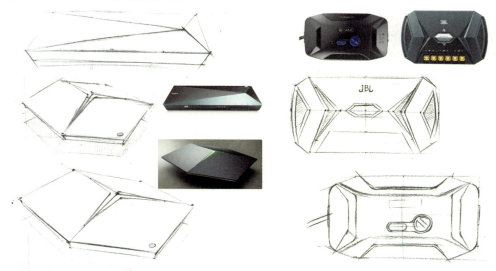

图 1-40　直线产品训练

小结

本节主要介绍了直线的表现方法和注意要点，通过不同图形直线进行示范训练，在产品直线绘制中需要注意直线的长短、角度和位置关系，把握好产品的整体形态和比例关系。

【测一测】

一、填空题

1. 产品手绘中的线一般分＿＿＿＿＿、＿＿＿＿＿两类。
2. 画直线时＿＿＿＿＿、＿＿＿＿＿同步作画，类似＿＿＿＿＿。
3. 直线有＿＿＿＿＿、＿＿＿＿＿、＿＿＿＿＿三种类型。

二、判断题

1. 握笔高度不宜太低和太高,取决于眼睛能否看到笔尖和画线时手部的舒适性。（   ）
2. 绘制直线可通过平行、垂直、倾斜等方式,一般可直接画线进行训练。（   ）
3. 用中间粗两头细的直线表现产品的细节。（   ）
4. 粗细均匀的直线常用于产品起稿。（   ）
5. 画直线时,画错后可以反复修改画线。（   ）
6. 画直线时出现抖动、扭曲是速度太慢造成的。（   ）

1.4　曲线训练

曲线是产品中经常使用的造型元素,常用于流线型、曲面类产品,用来表现产品的流畅、动感效果,如图1-41所示。画曲线时,同样需要手肘和手腕同步按曲线轨迹推进,可以通过抛物线和自由曲线来训练,如图1-42所示。

图1-41　曲线产品

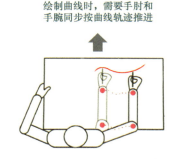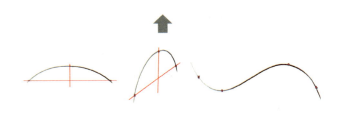

图 1-42　曲线绘制方法

1.4.1　曲线训练方法

曲线训练可以结合直线进行。画抛物线时，需先确定 3 个点作为抛物线的起点、中点和终点，然后通过移动整个手臂快速穿过这 3 个点得到流畅的曲线。而自由曲线是需要穿过 3 个以上的点得到的流畅的曲线。

下面通过抛物线训练、直线与抛物线组合训练、抛物线与自由曲线组合训练三种方式展开具体训练，如图 1-43 所示。

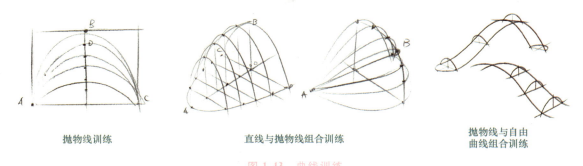

抛物线训练　　　直线与抛物线组合训练　　　抛物线与自由曲线组合训练

图 1-43　曲线训练

1.4.2　产品曲线训练

1. 鼠标曲线训练

先分析，找到鼠标上的转折点，如图 1-44 中的红点所示，用曲线连接这些点，完成产品图形绘制。

图 1-44　鼠标曲线训练

2. 游戏机曲线训练

图 1-45 所示的游戏机是左右对称图形，需先找到游戏机中的形体转折点，如图中红色点、蓝色点所示，用曲线连接这些点，完成产品图形绘制。

图 1-45　游戏机曲线训练

1.4.3　曲线训练习题

1. 曲线训练基础习题

应用曲线的表现技巧，临摹图 1-46 所示的曲线图形。

2. 曲线训练拓展习题

根据图 1-47 所示的曲线产品图片，临摹图中产品曲线图形。

小结

本节主要介绍了曲线的绘制方法和技巧，结合曲线图形和产品图形进行示范讲解，重点需要抓住图形的转折点，把握好产品的整体形态、比例关系。

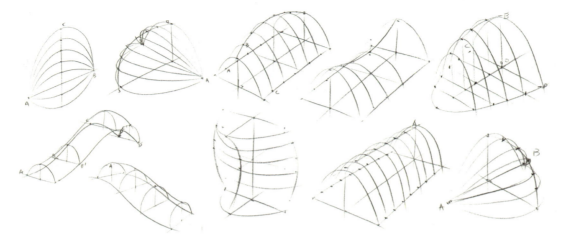

图 1-46　曲线训练

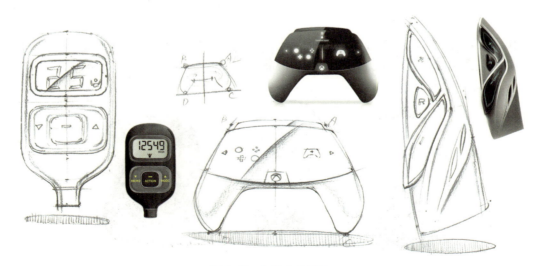

图 1-47　产品曲线训练

【测一测】

一、填空题

1. 画曲线时，同样需要_____和_____同步按曲线轨迹推进，可以通过抛物线和自由曲线来训练。

2. 画抛物线时，需先确定3个点作为抛物线的_____、_____和_____，然后通过移动整个手臂快速穿过这3个点得到流畅的曲线。

二、判断题

1. 绘制曲线时不需要手肘和手腕同时按曲线轨迹推进。（　　）
2. 曲线一般分抛物线和自由曲线两大类。（　　）
3. 曲线绘制中，一般不采用两头细中间粗的曲线来起稿。（　　）
4. 曲线训练时，一般也是通过先定点后连线的顺序进行。（　　）
5. 画曲线需要避免出现扭曲、抖动和重叠的问题。（　　）

1.5 图形训练

常见的图形包括圆、椭圆、等边三角形、正五边形、梯形、圆角矩形、菱形等，绘制的方法也要求手腕、手肘同步推进，同时要把握好产品的比例大小和位置关系。图1-48所示为几个不同造型的产品。

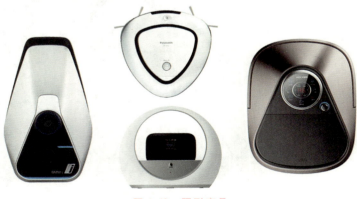

图1-48　图形产品

1.5.1 圆与椭圆的画法

画圆与椭圆时,需先画出正方形或长方形,然后在4条边上确定4个中点,让笔悬空,由慢到快依次穿过 A、D、B、C 4点,找到圆或椭圆的轨迹后快速画出,如图1-49所示。

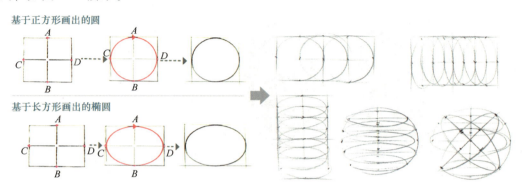

图 1-49 圆与椭圆训练

1. 圆形产品的绘制

例如,在绘制图1-50所示的圆形产品时,需先定出外圆,通过水平和垂直中心线,定出4个红点的位置后确定内圆,再分割出灰色底座和黑色屏幕,完成此产品的线稿图形。

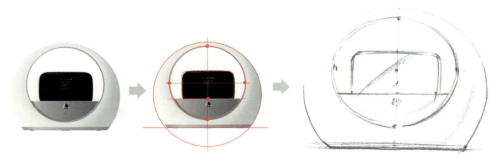

图 1-50 圆形产品训练

2. 椭圆形产品的绘制

例如，在绘制图 1-51 所示的椭圆形产品时，需先定出外椭圆，通过水平和垂直中心线，再定出 4 个红点的位置后确定内椭圆即可。

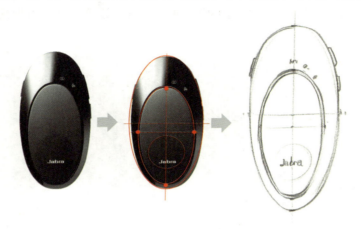

图 1-51 椭圆形产品训练

1.5.2 等边三角形和五边形的画法

1. 等边三角形的画法

等边三角形是基于圆得到的，在图 1-52 中找到圆直径 AB 的中点 O，再过 OB 的中点 C 作水平线与圆交于点 D 和 E，连接点 A、D、E，即得到等边三角形。还可以先画出竖直线 AB，然后过点 B 作水平线，使 BD、BE 的长度等于 AB 的一半，再依次连接 A、D、E 三个

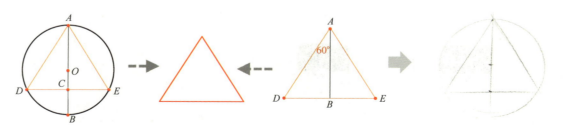

图 1-52 等边三角形的绘制方法

点，从而完成等边三角形的绘制。

2. 正五边形的画法

正五边形是基于圆而得到的，在图 1-53 中找到圆直径 AB 的 3 等分点 C、I，过 C 作水平线与圆交于点 D 和 E，再找到线段 BI 的 3 等分点 F，过 F 作水平线与圆交于点 G 和 H，连接点 A、D、G、H、E，即得到正五边形。

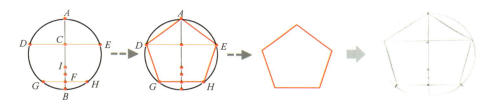

图 1-53 正五边形绘制方法

图 1-54 展示了运用画等边三角形和正五边形的技巧绘制两种图形产品的过程。

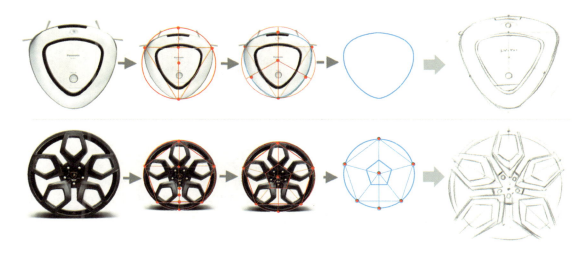

图 1-54 等边三角形和正五边形产品绘制方法

1.5.3 梯形和圆角矩形的画法

1. 梯形的画法

梯形来自于矩形，只要确定图 1-55 中的 A、B 两点，即可得到梯形 $ABDC$，同时通过改变线段 AC 和 BD 的弧度，可以得到不同的梯形图形。

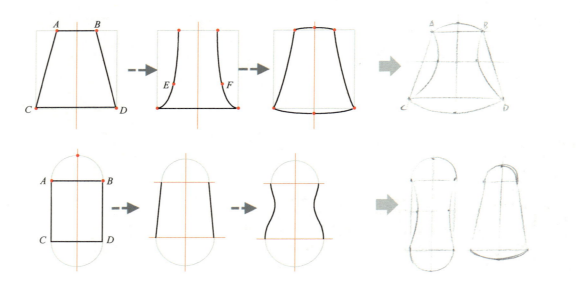

图 1-55　梯形的绘制方法

2. 圆角矩形的画法

圆角矩形是对矩形进行了倒圆角处理，在矩形中先确定一个边角的正方形 $ABCD$，再取对角线 BD 的 2/3 点 E，将 A、E、C 3 点用圆弧光滑连接，即可完成倒圆角。通过此方法，可以画出不同的圆角矩形造型，如图 1-56 所示。

图 1-57 所示遥控板为圆角矩形，先画出长方形，再进行完全倒圆角，上方圆形需要确定圆心，圆心在 AO 的三等分点 C 上，以 C 为圆心画出圆形，再分割出上、下两部分即可。

第1章 线与图形

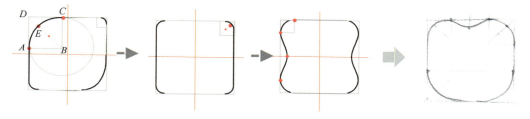

图 1-56 圆角矩形的绘制方法

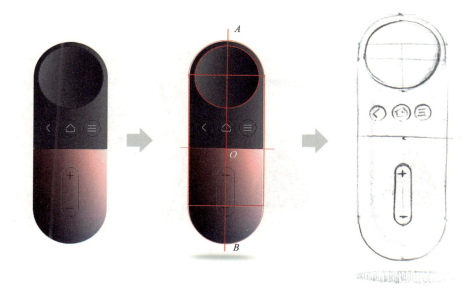

图 1-57 遥控板的绘制方法

1.5.4 菱形的画法

画菱形时，先画出水平线 AC 和竖直线 BD，确定 4 个点后，连接得到菱形 $ABCD$，并在此基础上进行倒圆角变化，如图 1-58 所示。

029

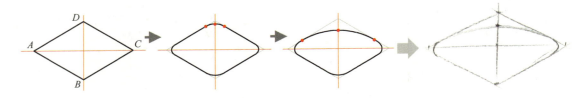

图 1-58 菱形绘制方法

图 1-59 所示的充电装置为菱形,先画出菱形外轮廓线,再分割出内部的三角形,最后完成倒圆角即可。

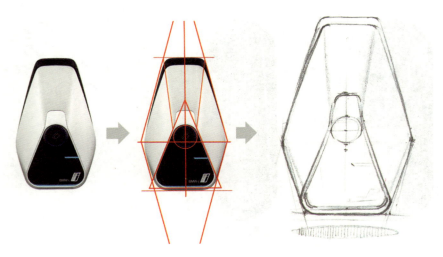

图 1-59 充电装置的绘制方法

1.5.5 图形训练习题

1. 图形训练基础习题

根据图 1-60 中的线稿图形,进行临摹训练。

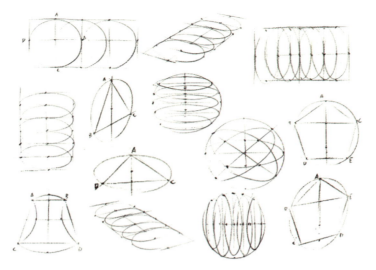

图 1-60　图形训练

2. 图形产品训练拓展习题

根据图 1-61 中的图形产品，分析形体特点，完成线稿训练。

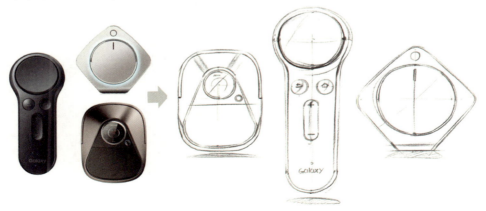

图 1-61　图形产品训练

小结

本节主要介绍了常见图形的类型及其表现方法和注意要点,通过不同图形产品的示范训练,掌握图形产品表达的思路和方法。

【测一测】

一、填空题

1. 常见的图形包括 _____、_____、_____、_____、_____、_____、_____等。
2. 画等边三角形时,可以先画一个_____,再确定一条_____,然后取圆半径的_____后画线,连接与圆的3个交点即可完成。

二、判断题

1. 可以借助正方形4条边的中点来画圆。   （   ）
2. 画椭圆也可以借助正方形4条边的中点来画。   （   ）
3. 三角形只能基于圆或椭圆而得到。   （   ）
4. 矩形倒圆角是取对角线的1/3点,用圆弧连接。   （   ）
5. 画菱形时不需要借助竖直线或水平线。   （   ）
6. 为了画出比较准确的图形产品,借助比例长短估量法和角度估计法等技巧意义不大。（   ）

第2章
透视基础

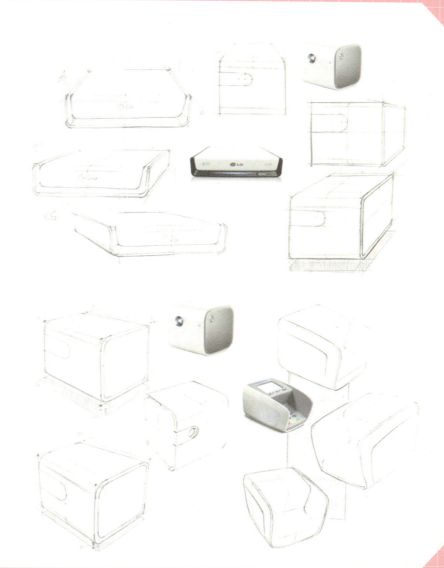

学习目标

1. 掌握透视术语；
2. 掌握一点透视的概念、规律和绘制技巧；
3. 掌握两点透视的概念、规律和绘制技巧；
4. 掌握三点透视的概念、规律和绘制技巧。

学习任务

1. 一点透视产品训练；
2. 两点透视产品训练；
3. 三点透视产品训练。

素养目标

1. 培养观察生活中的透视现象的习惯；
2. 培养一丝不苟的工作态度、精益求精的工匠精神。

经过线与图形的训练，已经具备一定的线条控制能力，那么要想将符合视觉规律的三维形态表现在二维图纸中，还需要学习透视知识。

透视在进入文艺复兴时期逐渐发展成熟，形成了系统的线性透视、空气透视、隐没透视等理论，为记录客观物象和虚拟三维世界奠定了科学基础。

在绘制不同产品的三维形态的过程中，透视是决定产品形态合理与否的关键所在。本章从视角、透视原理、透视实用技巧、透视产品手绘应用等方面展开讲解。

透视指的是假想产品与视点之间有一平面存在，并将产品形态通过一定的透视法则投射到假想平面上，从而完成三维空间的表达，如图2-1所示。

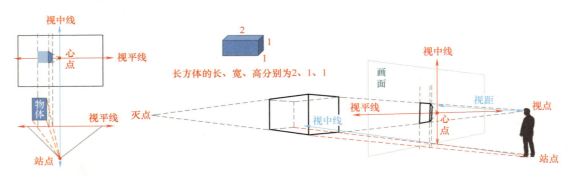

图 2-1　透视原理

同时需要了解相关透视名词术语，具体如下：

透视图：将看到的产品按照透视规律表现在画面上的图。

视点：人眼睛的位置。

视平线：与人眼等高的一条水平线。

视中线：位于视平线中点且竖直的线。

灭点：透视的消失点，又称消失点。

站点：观察者所站的位置。

心点：视平线上的中间消失点。

视距：视点到心点的垂直距离。

视线：视点与物体任何部位的假想连线。

透视一般分为一点透视、两点透视和三点透视，不同的透视方式能表现不同的产品视觉效果，生活中常见的产品主要以两点透视和三点透视呈现，如图2-2所示。

第2章 透视基础

图 2-2 产品透视

2.1 一点透视

当我们站在家具的正前方、道路的中间、客厅的中央时,可以找到一点透视现象,可以发现隐含着向中心点消失的线和一个灭点,如图 2-3 所示。

图 2-3 一点透视现象

当产品的一个面与画面平行时，也可以找到一组消失的线和一个灭点。一点透视适合主要信息集中在某一平面或某一视角的产品，如图2-4所示。

2.1.1 一点透视原理

以一个长宽高的比为 2∶1∶1 的长方体为例，展开一点透视的分析：G 点为站点与视点位置，两端的 M_1 和 M_2 点为灭点位置，俯视图中点 M_1、M_2 的连线为假想平面。

在一点透视的情况下，俯视图中线段 AB 与画面平行，连接视点 G 与 C、D 两点，得到画面中的交点 F、E，线段 EF 即为线段 CD 在画面上的透视长度。而在正视图中，橙色的长方形与画面平行没有发生透视变化，AD 与 BC 两条线则消失到心点 VP，其中 C 和 D 点可以通过 E 和 F 点向上作垂线找到，由此可推理得到一点透视长方体，如图2-5所示。

图 2-4 一点透视产品

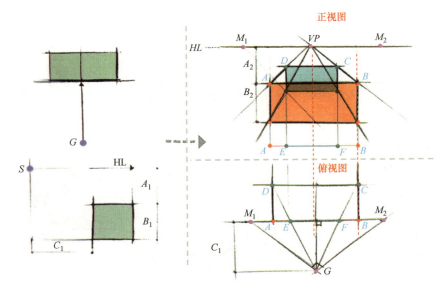

图 2-5 一点透视原理

2.1.2　一点透视原理作图法

下面以立方体为例画出一点透视，如图 2-6 所示。

1）画出视平线 M_1M_2，中点 VP 为心点，M_1、M_2 分别为左、右灭点；

2）画单位为 1 的正方形 $ABCD$，将 4 个点与 VP 点连线；将 C 点右移 1 个单位得到 E 点，再连接 E 点和 M_1 点，得到交点 c，Cc 即为一条透视线（也可以连接 D 点和 M_1 点得到交点 a）；

3）过 c 点分别向左和向上作水平线、竖直线，得到交点 b 和 d，连接 a、b、c、d 后即完成立方体的一点透视。

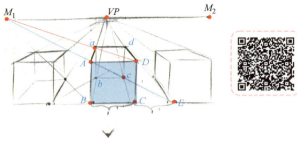

图 2-6　一点透视原理立方体作图法

2.1.3　一点透视规律

物体与画面平行时形成的透视为一点透视，又称平行透视。

在一点透视下的立方体，因物体距离视平线有高低之分，距离视中线有左右之分，会有图 2-7a 所示的 9 种一点透视状态，这些立方体都满足一组线平行、一组线垂直、一组线消失的特点。当然，一般一点透视下的产品通常低于视平线、与视中线居中来表现，如图 2-7b 所示。

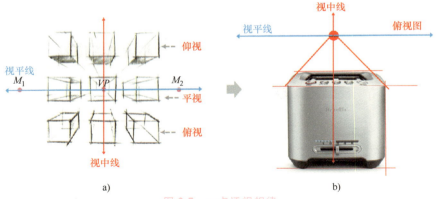

图 2-7　一点透视规律

在实际生活中，受视角高低不同的影响，一点透视中原本的一个面不再与画面平行，会产生两个灭点、两组消失的线，变成两点透视，大家尤其要注意，如图 2-8 所示。

图 2-8　两点透视产品

2.1.4　一点透视实用作图法

按照一点透视原理作图法作图，往往会造成产品图像非常小，不符合实际画图要求。因此在满足一点透视原理的基础上，需要结合其他方法进行绘图，比如图 2-9 所示打印机的一点透视作图法。

实际手绘产品时，在符合一点透视规律的基础上，可以借助比例长短估量法、角度估计法、直角三角形法和辅助线找点法等辅助产品线稿的绘制。

如图 2-10 所示，先绘制水平线 AB，过点 A 画竖直线 AC，令 $AB:AC=2:1$，再过点 C 画水平线，过点 B 画竖直线 BD，即完成了打印机的正面造型。接下来绘制顶面，过点 A 画与 AE 夹角为 30°的直线 AF，以 $AC:AE=3:1$ 的比例确定点 E，过点 E 画水平线，过点 B 以 30°角画直线 BG，即完成打印机的整体造型比例和透视关系，然后以同样的方法完成细节刻画。

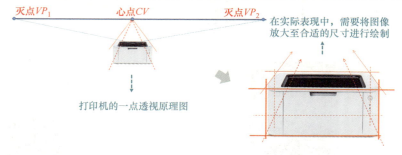

图 2-9　打印机的一点透视作图法

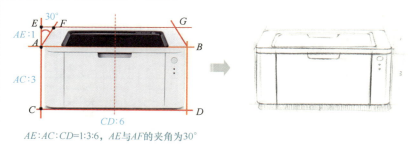

$AE:AC:CD=1:3:6$，AE 与 AF 的夹角为 30°

图 2-10　打印机的一点透视实用作图法

2.1.5　一点透视习题

1. 一点透视基础习题

根据图 2-11 所示产品线稿进行临摹训练，要求透视合理，比例准确，细节刻画完整。

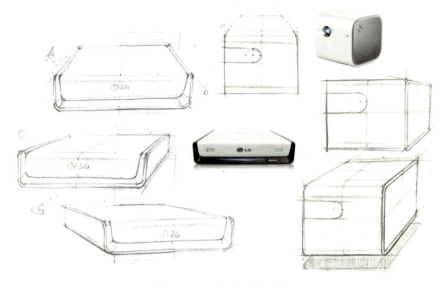

图 2-11　一点透视产品线稿

2. 一点透视拓展习题

分析打印机，根据透视比例关系画出其外轮廓线、部件的分型线、顶部功能区域范围，完成出纸口、按键 LOGO 等细节及投影，同时加深分型线、结构转折线，如图 2-12 所示。

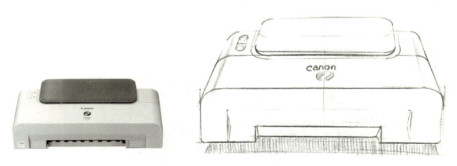

图 2-12　打印机一点透视线稿图形

小结

本节主要介绍了一点透视的原理和作图方法,通过打印机产品案例展开一点透视的具体绘制过程,掌握一点透视产品的表现方法。

【测一测】

一、填空题

1. 透视一般分为_____透视、_____透视和_____透视。
2. 立方体的一点透视中都满足一组线_____、一组线_____、一组线_____的特点。
3. 实际手绘产品时,在符合一点透视规律的基础上,可以借助_____、_____、_____和_____等辅助产品线稿的绘制。

二、判断题

1. 视点是人眼睛的位置。( )
2. 灭点是透视的消失点,又称消失点。( )
3. 站点是人站的位置,跟视点是同一个点。( )
4. 产品透视是指产品手绘在二维纸面上构建三维空间的过程。( )
5. 一点透视有一组消失的线和一个灭点。( )
6. 主要信息集中在某一平面或某一视角的产品适合用两点透视。( )
7. 一点透视又称平行透视。( )

2.2 两点透视

生活中,当我们站在城墙的一角、客厅的一侧时,可以发现分别向两侧消失的线和两个灭点,以及一组竖直线,如图 2-13 所示。

图 2-13 两点透视现象

同样可以发现，生活中的大部分家电产品有两组左右消失的线和灭点，还有一组竖直线，如图 2-14 所示。

2.2.1 两点透视原理

以长宽高的比为 2∶1∶1 的长方体为例，G 点为站点与视点位置，两端的 VP_1 和 VP_2 点为灭点位置，俯视图中点 VP_1、VP_2 的连线为假想平面。

在两点透视的情况下，连接俯视图中的视点 G 与 A、B、C 三点，得到画面中的交点 D、F、E，分别向上作垂线，与 K 与 VP_1、VP_2 的连线分别交于点 H、J、I（见图 2-15），这三点即为透视点。按照这种透视投影法则，便能得到两点透视长方体。

图 2-14 两点透视产品

2.2.2 两点透视原理作图法

下面以立方体为例画两点透视，如图 2-16 所示。

1) 画出视平线 VP_1VP_2，中点 CV 为心点，VP_1、VP_2 为左、右灭点；

2) 画竖直线 AB，设为 1 个单位，将 A、B 两点分别与 VP_1、VP_2 进行连线；

3) 将 B 点右移 1 个单位得到 E，取 2/3 处得到点 F，再连接 F 和 CV 点，得到交点 C，由点 C 向上垂直延伸至点 D，分别连接点 C、点 D 与左灭点 VP_1；

4) 以同样的方法得到交点 b，由点 b 向上垂直延伸至点 a、连接点 a 和 VP_2 得到交点 d，连接点 b 和 VP_2 得到交点 c，即完成立方体的两点透视。

另外，图 2-16 所示的左右两边的立方体同样以上述方法进行绘制，需要注意点 F 为点 G 右移（点 H 左移）1 个单位长度得到立方体的两点透视，此处不再展开讲述。

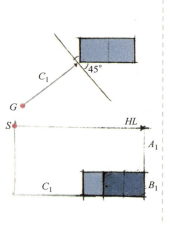
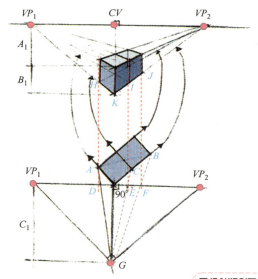

图 2-15 两点透视原理

2.2.3 两点透视规律

物体与画面不平行,且成一定角度时的透视为两点透视,又称成角透视。

在两点透视下的立方体,因视角高低和左右的不同,会有图 2-17a 所示的不同立方体两点透视状态,这些立方体都满足一组线竖直,另外两组线分别消失到左右灭点的特点。当然,一般两点透视下的产品通常在视平线的中间或下方,在视中线的左侧、中间或者右侧来进行表现,如图 2-17b 所示。

在实际生活中,受视角高低不同的影响,原先的一组竖直线不再竖直时,往往会出现 3 个灭点,形成三点透视,如图 2-18 所示。

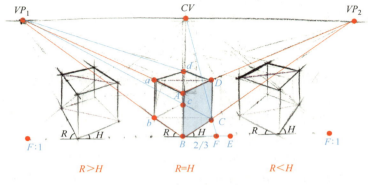

图 2-16 两点透视原理作图法

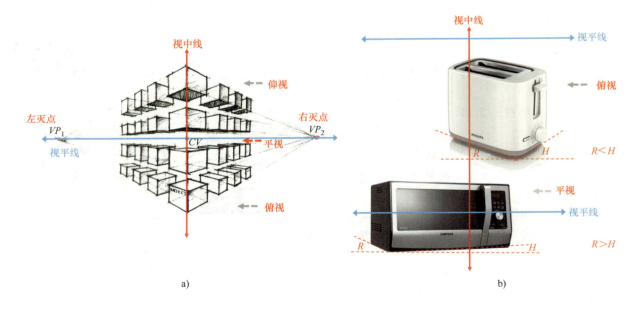

图 2-17 两点透视规律

图 2-18 三点透视产品

2.2.4 两点透视实用作图法

在绘制两点透视产品时,如果按照两点透视原理作图,往往会造成产品图像非常小,不利于表现产品的形态细节特征。因此在符合两点透视原理的基础上,需要将图像放大至合适的尺寸,比如图 2-19 所示微波炉的两点透视作图法。

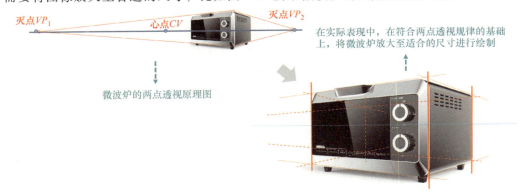

图 2-19 微波炉的两点透视作图法

实际手绘产品时，在符合两点透视原理的基础上，各线段的长短和倾斜度，可以根据比例长短估量法、角度估计法、直角三角形法和辅助线找点法来表现。

如图2-20所示，先绘制竖直线 AB，再画出上、下两条红色的水平线，过点 A 分别以 $20°$ 和 $25°$ 角画出直线 AC 和 AD，过点 B 分别以 $10°$ 和 $25°$ 角画出直线 BE 和 BF，再过点 B 以 $45°$ 和 $30°$ 角分别作蓝色辅助线，与直线 AC 和 AD 相交于点 C 和 D。再过点 C 和点 D 向下作垂线，得到交点 E 和 F，即完成微波炉的整体造型比例和透视关系，然后以同样的方法完成细节刻画。

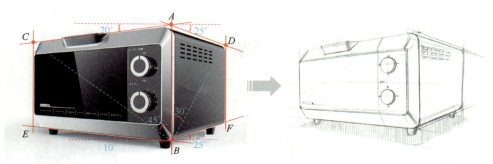

图 2-20　微波炉的两点透视实用作图法

2.2.5　两点透视习题

1. 两点透视基础习题

根据图2-21所示两种产品线稿进行临摹训练，要求透视合理，比例准确，细节刻画完整。

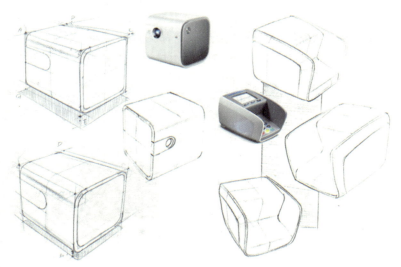

图 2-21　两点透视产品线稿

2. 两点透视拓展习题

分析烤面包机，包括透视关系、整体和局部的长宽高的比、斜线的角度等，根据透视比例关系画出外轮廓线，分割出两侧塑料件和中间金属拉丝板、顶部功能区域范围，完成顶部开口、拨片、旋钮和 LOGO 等细节及投影，同时加深分型线、结构转折线，如图 2-22 所示。

图 2-22　烤面包机两点透视线稿图形

小结

本节主要介绍了两点透视的原理和作图方法，通过微波炉产品案例展开两点透视的具体绘制过程，掌握两点透视产品的表现方法。

【测一测】

一、填空题

1. 两点透视是指物体与画面 _____ ，且成一定 _____ 时的透视，又称 _____ 。
2. 立方体的两点透视中都满足一组线 _____ ，另外两组线分别消失到 _____ 的特点。

二、判断题

1. 两点透视中的立方体因视角过高或过低，会出现三个灭点，变成三点透视。（   ）
2. 两点透视与一点透视的区别在于多了一个灭点。（   ）
3. 两点透视的两个灭点在视中线上。（   ）
4. 心点、左右灭点都在视平线上。（   ）
5. 两点透视实用作图法中也可以通过角度判断法、长短比例估量法、辅助线法来绘制产品。（   ）

2.3　三点透视

学习了两点透视之后，就比较容易理解三点透视。它比两点透视多了一个灭点（地心或天点）。那么，在生活中，比如我们站在建筑物的下面，或者俯瞰建筑群、家具等，往往有强烈的透视感，会形成三组消失线和灭点，如图2-23所示。

图 2-23　三点透视现象

生活中的很多产品，一般放在桌面上使用时，往往都处在俯视状态下，也都呈现三点透视效果，如图2-24所示。

2.3.1 三点透视概念

物体与画面没有任何线、面平行时的透视为三点透视，其画面中有三组消失线、三个灭点（分别是左灭点、右灭点、地心或天点）。图 2-25 给出了三点透视立方体作图法。

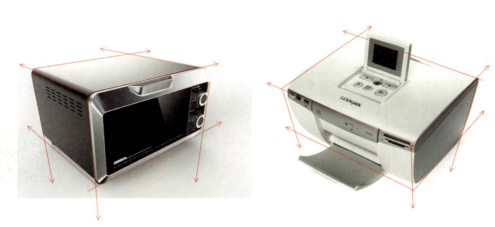

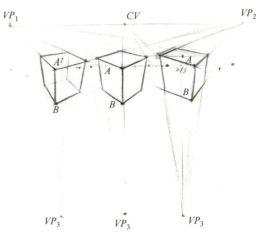

图 2-24　三点透视产品　　　　　　　　　　　　　　　　图 2-25　三点透视立方体作图法

2.3.2 三点透视实用作图法

在绘制产品的三点透视图时，在满足三点透视原理的基础上，也需结合比例、角度判断方法进行绘图，比如图 2-26 所示洗衣机的三点透视作图法。

如图 2-27 所示，绘制洗衣机三点透视图时，一般先绘制顶面的形状，先画出直线 AB（使 AB 与竖直线的夹角大致为 70°），再画出直线 AC（使 AC 与竖直线的夹角大致为 60°），过点 B 作蓝色辅助线，找到点 C 位置，最后过点 C 作 AB 的平行线 CD，即完成顶面的平行四边形。接下来过点 A 作直线 AE（使 AE 与竖直线的夹角大致为 10°），同理，过点 D 作直线 DF，过点 B 作直线 BG，保证直线 AE、BG、DF 向地心消失。过点 B 作辅助线来确定 E 点，最后，作 AB 的平行线 EG，BD 的平行线 GF，即完成整体的比例造型。再以同样的方法完成细节刻画。

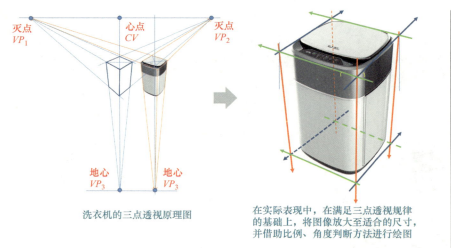

图 2-26　洗衣机的三点透视作图法

图 2-27　洗衣机的三点透视实用作图法

2.3.3　三点透视微波炉训练

观看微波炉的视频进行学习，了解整个画图步骤、表现方法及注意要点。

步骤1：分析绘制对象，包括透视关系、整体和局部的长宽高的比、斜线的角度等。

步骤2：根据透视比例关系画出微波炉外轮廓特征，并分割出面板倒角和操作区。

步骤3：完成把手、旋钮、按键、散热孔等细节及投影，同时加深分型线、结构转折线，如图2-28所示。

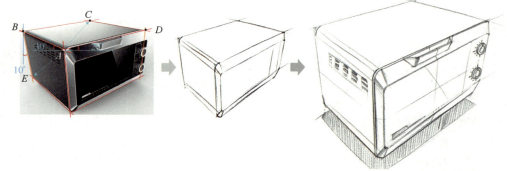

图 2-28　微波炉三点透视作画步骤

2.3.4　三点透视习题

1. 三点透视基础习题

完成图2-29所示产品的三点透视习题，要求透视合理，长宽高比例准确，细节刻画完整，线条流畅清晰。

2. 三点透视拓展习题

根据图 2-30 所示的剃须刀和打印机三点透视线稿图片，完成线稿产品的临摹训练。

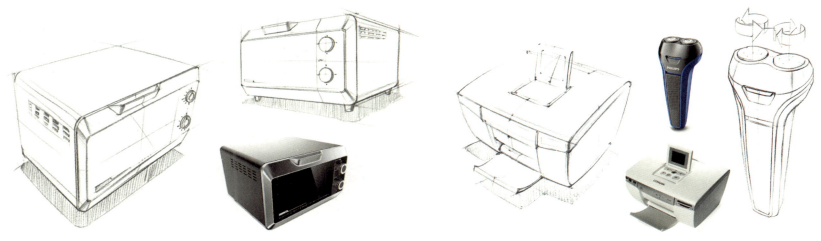

图 2-29　三点透视基础习题　　　　　　　　　　　　　图 2-30　三点透视拓展习题

小结

本节主要介绍了三点透视的原理和作图方法，通过洗衣机和微波炉产品案例展开三点透视的具体绘制过程，掌握三点透视产品的表现方法。

【测一测】

一、填空题

1. 三点透视中的三个灭点分别是_____、_____、_____。
2. 在绘制产品三点透视图时，同样在满足三点透视原理的基础上，结合_____、_____判断方法进行绘图。

二、判断题

1. 物体与画面没有任何线、面平行时的透视为三点透视。　　　　　　　　　　　　　　　　（　　）

2. 三点透视有三组消失线、三个灭点。　　　　　　　　　　　　　　　　　　（　　）

3. 三点透视中的三个灭点分别是左、右灭点和心点。　　　　　　　　　　　（　　）

4. 三点透视比两点透视多了一个地心或天点。　　　　　　　　　　　　　　（　　）

5. 三点透视与两点透视共同的两个灭点是左、右灭点。　　　　　　　　　　（　　）

第3章
产品线稿表现

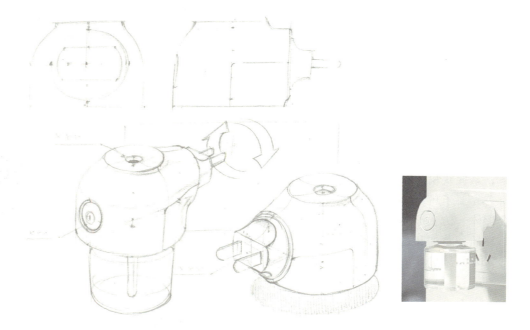

学习目标

1. 掌握形体构成的类别、特点；
2. 掌握空间形态推演表现技巧；
3. 掌握方体圆角表现技巧；
4. 掌握圆柱体表现技巧；
5. 掌握球体表现技巧；
6. 掌握形体交接表现技巧；
7. 掌握多截面表现技巧；
8. 掌握版面构图表现技巧。

学习任务

1. 完成形体构成习题；
2. 完成空间形态推演产品习题；
3. 完成方体圆角产品习题；
4. 完成圆柱体产品习题；
5. 完成球体产品习题；
6. 完成形体交接产品习题；
7. 完成多截面产品习题；
8. 完成版面构图产品习题。

素养目标

1. 通过空间推演训练，培养逻辑推理能力和空间想象力；
2. 通过常见形体的产品训练，培养分析问题、发现内在规律并进行实战应用的能力；
3. 通过拓展资料的学习，培养深入学习、拓展学习能力；
4. 通过综合案例的训练，培养善于总结，以及技巧的迁移、拓展能力。

在学习了线条和透视知识之后，面对形态各异的产品时，又将如何去表现呢？其实，任何一件复杂产品的形态都是由简单的几何形体加减而成的。

因此，本章将从形体构成与分析、空间形态推演、方体类倒角、球体类产品、圆柱类产品、形体交接类产品、截面类产品及版面构图等方面展开训练，以此来掌握不同形体的表现技巧。

3.1　形体构成与分析

产品中的形体类型可以分为几何形体和仿生形体两大类，我们需要重点掌握形体的构成，通过产品案例的分析讲解，掌握线稿绘制的思路方法，如图3-1所示。

首先要了解产品的形体构成。产品通常由单纯形体、组合形体、仿生形体三大类构成，这些形体经过剪切、分割、穿插、叠加和过渡等手法产生了形态各异的造型，如图3-2所示。

图3-1　产品形体构成分析图

单纯形体

组合形体

仿生形体

单纯形体是指它的主体为方体、球体、圆柱体、椭圆体、梯形圆台等比较纯粹的几何形体，经过叠加、切割、倒角等构成较为复杂的形体

组合形体是由多个单纯形体组合而成的较为复杂的形体，组合的形式通常有叠加、分割、穿插、过渡等

仿生形体主要模拟自然形态的造型、结构和色彩，形成比较自由的形体

图3-2　三类产品形体

3.1.1 单纯形体

产品中单纯形体主要是在主导形体上作减法处理,一般先绘制出主导形体,再进行剪切、分割、倒角处理,或者叠加、过渡次要形体,从而创造出形态各异的造型。图 3-3 所示为单纯形体产品。

绘制单纯形体产品时需按照主导形体→加减形体→倒角细节处理的顺序进行。

例如,图 3-4 所示净化器产品造型,以圆柱体为基础,经过倒圆角、剪切、叠加和分割后得到。

图 3-3 单纯形体产品

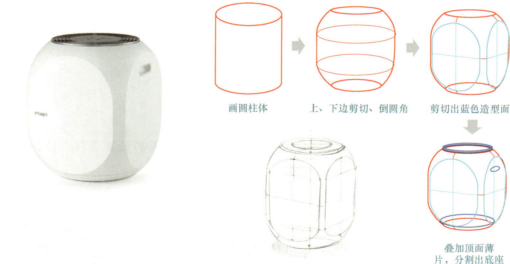

图 3-4 圆柱切面形体分析

又如,图 3-5 所示净化器产品的主导形体为梯形圆台,经过叠加和分割后得到。

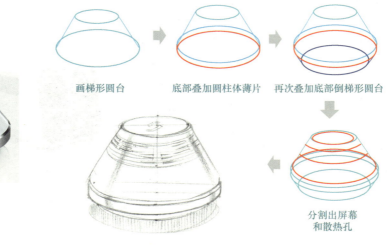

图 3-5　梯形圆台形体分析

3.1.2　组合形体

产品组合形体一般由主导形体与次要形体和附属形体组合而成，通过分割、叠加和过渡进行形体构造。图 3-6 所示为组合形体产品。

绘制组合形体产品时，需按照主导形体→次要形体→附属形体的顺序进行。

例如，图 3-7 所示行车记录仪需先画水滴状主体，再叠加顶部薄片和右侧圆柱体，然后完成摄像头、散热孔等细节。

又如，图 3-8 所示的热水控制器产品，需先画出半球体，再嵌入蓝色次要形体后，添加两个旋钮、按键、指示灯等细节。

图 3-6　组合形体产品

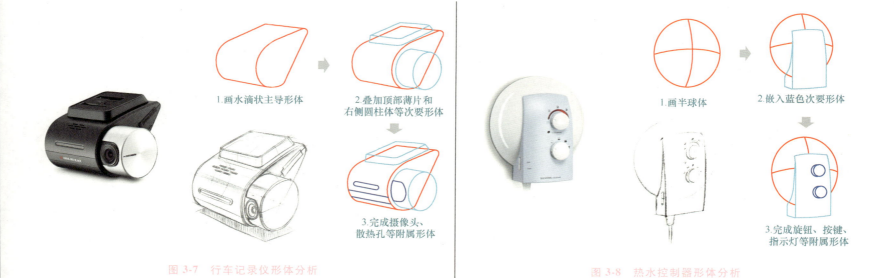

图 3-7　行车记录仪形体分析

图 3-8　热水控制器形体分析

3.1.3　仿生形体

仿生形体是指模仿生物形态、结构或功能所创造出的物体或设计，一般由多种形体经过剪切、叠加和过渡形成，往往难以直接判断出是什么形体，因此需要先将复杂形体分解成简单几何体。图 3-9 所示为仿生形体产品。

图 3-10 所示的长颈鹿造型较复杂，需先画出主体蓝色造型，再叠加头部特征，并进行倒圆角处理，最后叠加头部细节完成绘制。

图 3-11 所示的饭勺模仿鸟的造型，需先分解成勺柄、勺子两部分，然后按照主导形体→次要形体→附属形体的顺序进行绘制。

图 3-9　仿生形体产品

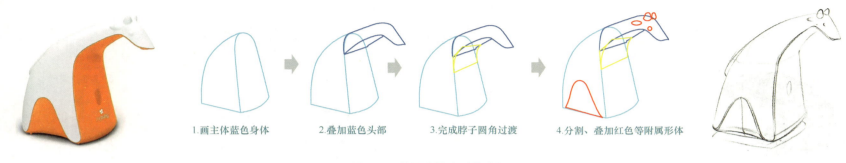

图 3-10　长颈鹿仿生形体分析

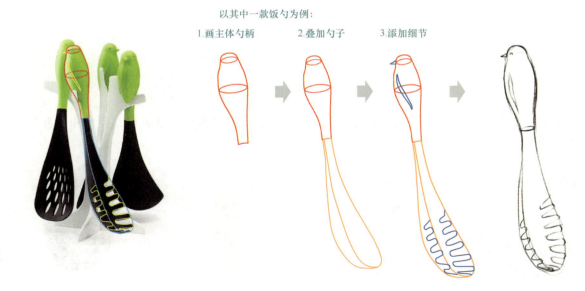

图 3-11　饭勺仿生形体分析

> 小结

本节主要介绍了产品形体构成的类别，分别从单纯形体、组合形体和仿生形体展开产品的构成分析，让大家在绘制前理解产品的形体构成，从而展开具体的产品绘制训练任务。

【测一测】

一、填空题

1. 产品通常由_____、_____、_____三大类构成。
2. 这些形体经过_____、_____、_____、_____和_____等手法产生了形态各异的造型。
3. 产品组合形体一般由_____与_____和_____组合而成。
4. 仿生形体是指模仿生物_____、_____或_____所创造出的物体或设计。

二、判断题

1. 产品中几何体类的造型很多是基于加减进行处理的。（   ）
2. 次要形体主要起到弥补、点缀作用。（   ）
3. 附属形体主要起到加强、反衬主体作用。（   ）
4. 单纯形体的绘制一般先绘制出主导形体，再进行次要形体的叠加或剪切，从而创造出形态各异的造型。（   ）
5. 仿生形体产品绘制需要先将复杂形体分解成简单几何体，再从主要形体到细节形体进行绘制。（   ）

3.2 空间形态推演

当想要表现一件产品时，往往需要借助三视图和多个角度透视图，才能将产品的功能、使用方法等信息说明清楚。例如，图3-12所示为从多个角度并用三视图表现的一款充电宝手绘作品，这样就比较清晰、完整地表达了产品的功能细节、尺寸比例关系。

本节重点讲解透视图与三视图之间的转化关系，以及其中的方法和技巧。

以图3-13所示手机空间形态推演过程为例：根据手机三视图或者透视图，通过设定一个长方体，分别以手机三视图中的面 B、D、E 与长方体进行配对，这三个面的组合就得到了手机透视图，拆分开则为手机三视图。

产品手绘与数字化表现

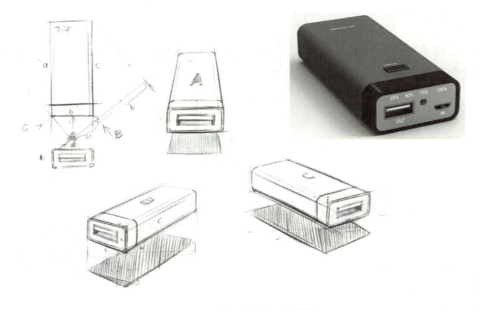

图 3-12　充电宝空间形态推演

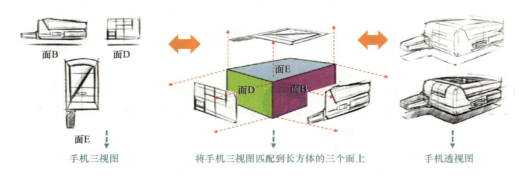

图 3-13　手机空间形态推演过程（图片来自黄山手绘）

3.2.1 空间形态推演分析

1. 充电宝

在临摹产品时,往往只有零散的产品图片可供参考,如何从一张图片推导出三视图和其他视角的透视图,是需要重点学习和掌握的技巧。例如,图 3-14 所示这款充电宝产品的推导分析过程具体如下。

步骤 1:找到图中的几个蓝色关键点,根据推理完成主视图、侧视图和俯视图。

步骤 2:以俯视图为例,从视角 B 方向画出步骤 3 的透视图。先过点 b 画出与视角 B 方向垂直的蓝色线,依次画出穿过蓝色点 a、b、c 的红箭头,设线段 ab 与 bc 之间的比例关系 1:2。

步骤 3:依据前面得到的比例和角度关系,先画蓝色水平线,以夹角 30°和 50°从点 b 分别作直线 bd 和 bf,再以点 a 和 c 分别向上作垂线,得交点 d 和 f,bd 和 bf 就是产品的两条底边;分别过点 d、f 作平行线,可得到图中的黄色底平面,将底平面抬高到点 g 位置,即完成整体形态,也就是步骤 2 中从视角 B 方向看到的透视图,再完成其他细节即可。

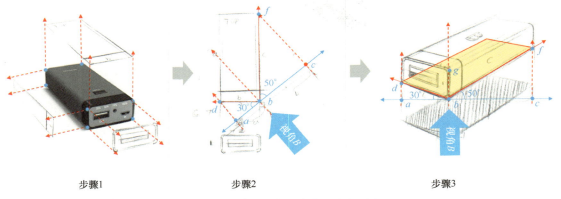

步骤1　　　　　　　步骤2　　　　　　　步骤3

图 3-14　充电宝空间形态推演分析过程

2. 鼠标

鼠标空间形态推演分析过程如图 3-15 所示。

步骤 1:分析鼠标特点后,找到图中鼠标底面上的蓝色点 b、d、e、f 和 g,根据推理完成三视图。

步骤 2:在俯视图上以视角 B 为例,画出与视角 B 方向垂直的蓝色线,过蓝色点 d、e、g 和 f 分别向蓝色直线作红色垂线,得到交点 a、c 和 G、F,由此可以得到蓝色线段上的比例关系,以及夹角 30°和 45°。而鼠标的最高点 h 刚好是正方形的一个角点。

步骤 3:依据前面得到的比例和角度关系,先画蓝色水平线确定 ab 和 bc 之间的比例关系,以夹角 30°和 45°从点 b 分别作直线 bd 和 be,再过点 a 和 c 分别向上作垂线,得交点 d 和 e,bd 和 be 就是产品的两条底边,按照推理可以找到底面上的点 g 和 f 的位置,连接各个点后,完成鼠标底面。根据画出的红色平行四边形线框可找到最高点 h,过点 f、h 和线段 bd 的中点完成鼠标的顶面曲线,在确定这些主要的结构线之后,逐步找到其他结构线,即完成鼠标的整体形态,也就是步骤 2 中从视角 B 方向看到的透视图。

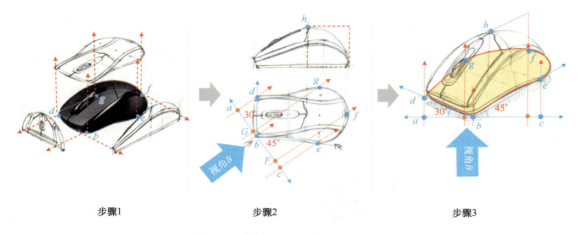

| 步骤1 | 步骤2 | 步骤3 |

图 3-15　鼠标空间形态推演分析过程

3. U 盘

根据上述两案例的分析，画出图 3-16 所示 U 盘的三视图和两个视角的透视图。

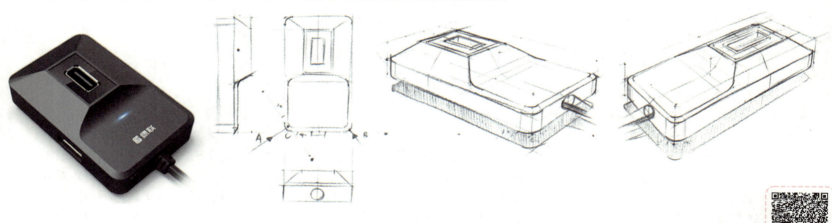

图 3-16　U 盘空间形态推演

3.2.2 空间形态推演习题

1. 空间形态推演基础习题

参照图 3-17 中弧形鼠标产品线稿图片，完成鼠标空间形体训练。

2. 空间形态推演拓展习题

参照图 3-18 中灭蚊器产品线稿图片，完成灭蚊器空间形体训练。

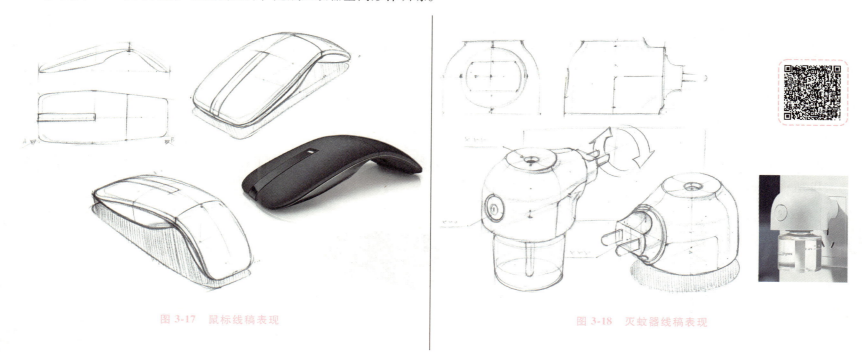

图 3-17　鼠标线稿表现

图 3-18　灭蚊器线稿表现

小结

本节主要介绍了空间形态推演的具体表现方法，通过充电宝和鼠标图解分析，掌握空间推演的过程、方法和技巧。

【测一测】

一、填空题

1. 当想要表现一件产品时，往往需要借助_____和_____。
2. 空间形态推演是指_____和_____之间的推演过程。

二、判断题

1. 可以借助长方体的三个面在三视图和透视图之间进行转换训练。（   ）
2. 空间形态推演训练可以借助角度判断法、比例长短估量法等进行辅助绘制。（   ）

3.3 方体类倒角

产品中的倒角随处可见，通过倒角可以增强产品的亲和力，丰富产品造型，也利于增强产品的强度，满足生产时脱模的需要，如图3-19所示。因此，掌握不同的倒角技巧对于画好产品至关重要。

图 3-19 产品倒角

倒角按照类别一般分为倒切角和倒圆角，按照组合的多少可以分为单边倒角、复合倒角和混合倒角。

3.3.1 单边倒角

以立方体为例，只对形体的一条边进行倒角处理，其余边保持不变，如图3-20所示。

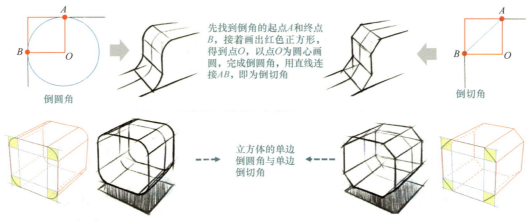

图 3-20　单边倒角分析

3.3.2　复合倒角

以立方体为例，对形体的多条边同时进行倒角处理，且半径相同，如图 3-21 所示。

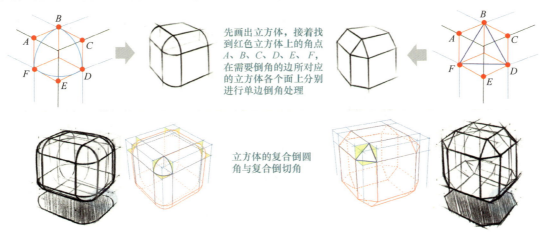

图 3-21　复合倒角分析

3.3.3 混合倒角

以立方体为例,对形体的多条边进行不同半径、不同形式的倒角,如图3-22所示。

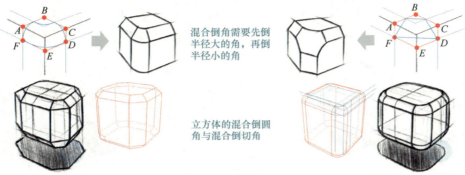

图3-22 混合倒角分析

关于三种倒角的具体画法,可扫码观看详细的视频讲解,图3-23所示为方体类倒角。

3.3.4 方体类倒角案例

以图3-24所示音箱为例,先画出方体,再四边倒圆角,顶面四边倒切角,然后在顶面挖出凹槽后画旋钮即可。

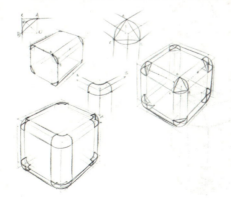

图3-23 方体类倒角

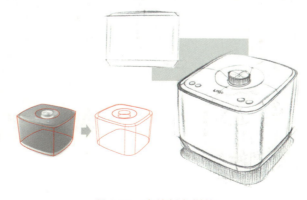

图3-24 音箱倒角训练

3.3.5 方体类倒角习题

1. 方体类倒角基础习题

根据图 3-25 所示的方体类倒角形体，进行临摹训练。

2. 方体类倒角拓展习题

参照图 3-26 所示的咖啡机倒角形体，进行临摹训练。

图 3-25　方体类倒角形体习题

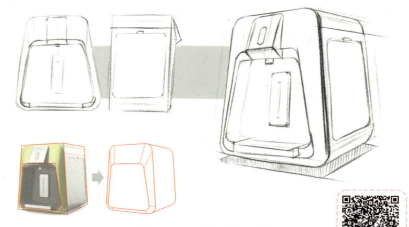

图 3-26　咖啡机倒角习题

小结

本节主要介绍了方体类倒角的具体表现方法，结合立方体介绍了倒角的三种类型和表现方法，并通过产品进行了具体的示范讲解。

【测一测】

一、填空题

1. 倒角按照类别一般分为_____和_____。

2. 按照组合的多少，倒角可以分为_____、_____和_____。

二、判断题

1. 倒角属于加法处理。（ ）
2. 通过倒角可以增强产品亲和力，丰富产品造型，也利于增强产品的强度，满足生产时脱模的需要。（ ）
3. 单边倒角是指对一条边角进行倒角处理。（ ）
4. 倒圆角可以基于相切圆来表现。（ ）
5. 对物体的多条边进行组合倒角处理属于混合倒角。（ ）

3.4 球体类产品线稿表现

球体类产品是以球体为基本体，在上面叠加、分割和剪切形体，再进行倒圆角和增加按键、指示灯和LOGO图标等细节，如图3-27所示。

3.4.1 球体的画法

具体步骤和方法如图3-28所示。

步骤1：画出一个大小比例恰当的正圆。

步骤2：通过圆心O，确定圆的十字中心线，得到交点A、B、C、D。

步骤3：在直线OC、OD上找到中点E、F，依次过点A、E、B、F画出一个水平椭圆。

步骤4：找到点G和I（水平椭圆圆弧长AF和BF的1/3处），过圆心O作GH和IJ，再分别作它们的垂线MN和KL。

步骤5：过直线GH、KL画红色椭圆。

步骤6：过直线JI、MN画红色椭圆，其中蓝色点O、P为两椭圆的交点，类似地球的北极和南极，从而完成球体的透视绘制。

图3-27 球体类产品

3.4.2 球体类形体基础训练

球体类形体的训练，以球体为基础，通过形体的叠加或剪切形成，如图3-29所示。

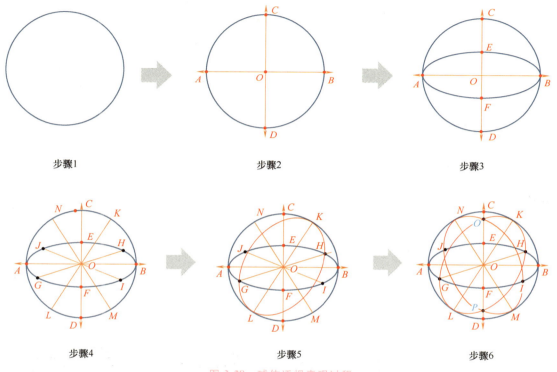

步骤1　　　　　　　　　　　步骤2　　　　　　　　　　　步骤3

步骤4　　　　　　　　　　　步骤5　　　　　　　　　　　步骤6

图 3-28　球体透视表现过程

3.4.3　球体类产品案例：迷你风扇训练

先画出红色半球体风扇部分，再画出中心线，然后画出蓝色底壳拉伸体部分，最后画操作面板和出风孔，如图 3-30 所示，具体可观看视频。

3.4.4　球体类临摹习题

1. 球体类基础习题

临摹图 3-31 所示球体类造型，要求形体准确，结构特征合理，细节表现精致。

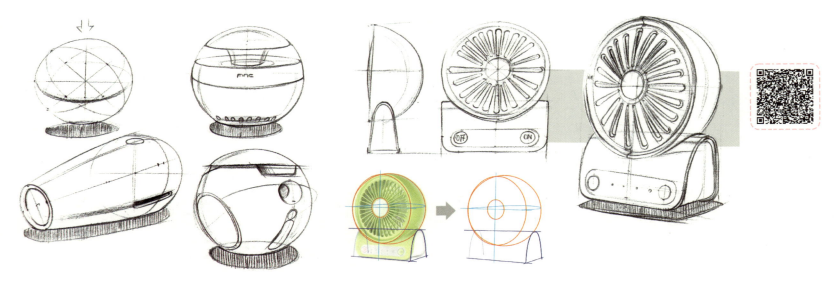

图 3-29 球体类产品表现

图 3-30 迷你风扇表现

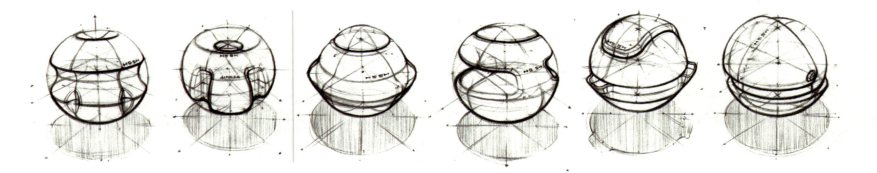

图 3-31 球体造型(图片来自黄山手绘)

2. 球体类拓展习题

参照图 3-32 所示音箱产品线稿，以球体为基础，确定产品中心线后叠加顶盖和脚，具体可扫码观看视频。

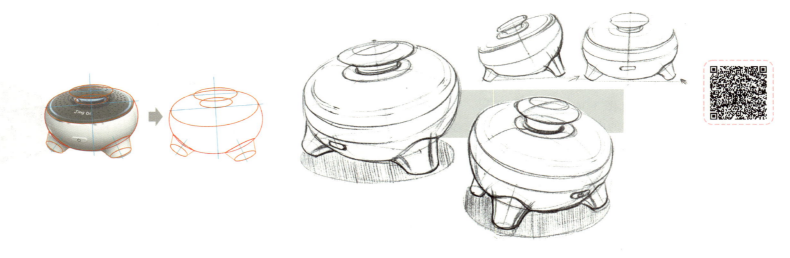

图 3-32　音箱产品表现

小结

本节主要介绍了球体绘制的过程及具体表现方法，并通过迷你风扇和音箱产品进行了具体的示范讲解。

【测一测】

一、填空题

球体类产品是以＿＿＿＿＿＿为基本体，在上面＿＿＿＿＿＿、＿＿＿＿＿＿和＿＿＿＿＿＿形体。

二、判断题

1. 球体的表现是基于正圆和椭圆的画法。（　　）
2. 画球体产品时，先画出球体，再作形体加减。（　　）

3.5 圆柱类产品线稿表现

圆柱类产品是以圆柱体为基本体，在上面进行变形、剪切、分割、叠加和过渡处理，再进行倒圆角和增加按键、指示灯和LOGO图标等细节，如图3-33所示。

3.5.1 圆柱体的画法

具体步骤和方法，如图3-34所示。

步骤1：画出圆柱体的中心线AB，再确定与之垂直的短轴CD。

步骤2：定出四个点A、E和C、D，使$OC=OD$、$OA=OE$，接着按顺序画出椭圆。

步骤3：以同样方法画出后面的椭圆$GBFH$，注意两个椭圆的透视变化，让直线长度$AE<BH$，$CD>GF$。

步骤4：连接CG和DF，完成圆柱体的绘制，如图3-34所示。

图3-33 圆柱类产品

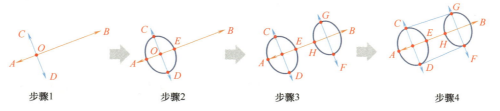

图3-34 圆柱体的画法

因视角不同，圆柱体的上、下两个截面椭圆的长短轴的长度是不一样的。如图3-35所示，当俯视垂直放置的圆柱体时，黄色截面椭圆A的长轴大于C的长轴，A的短轴小于C的短轴；而当俯视水平放置的圆柱体时，一般截面椭圆B的长轴大于A的长轴，B的短轴小于A的短轴。

3.5.2 圆柱类形体基础训练

圆柱类形体的训练，都是先绘制一个圆柱体，再进行形体的分割、叠加或拓展出其他形体，如图3-36所示。

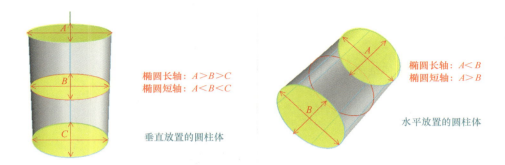

图 3-35　圆柱体截面椭圆规律

3.5.3　圆柱类产品案例：空气炸锅训练

先画出圆柱体，然后增加把手和顶面操作屏特征，再分割出上、下锅体，抽屉位置以及底部切角特征，如图 3-37 所示。

图 3-36　圆柱类形体绘制　　　　　　　　　　图 3-37　空气炸锅训练

3.5.4 圆柱类形体临摹习题

1. 圆柱类形体基础习题

临摹图 3-38 所示圆柱类形体线稿，要求形体准确，结构特征合理，细节表现精致。

2. 圆柱类形体拓展习题

参照图 3-39 所示的行车记录仪产品线稿，进行临摹训练。

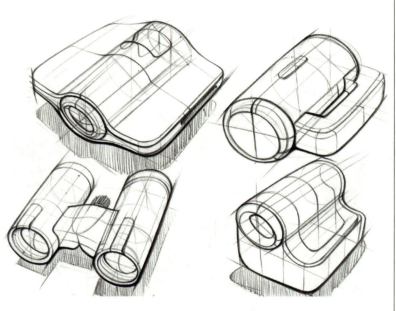

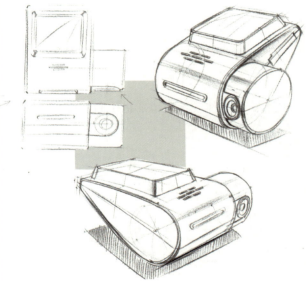

图 3-38 圆柱类形体训练（图片来自黄山手绘）

图 3-39 行车记录仪训练

小结

本节主要介绍了圆柱体的绘制过程及具体表现方法，并通过空气炸锅和行车记录仪产品进行了具体的示范讲解。

【测一测】

一、填空题

圆柱类产品是以_____为基本体，在上面进行变形、剪切、分割、叠加和过渡处理，再进行_____和增加_____、_____和_____等细节。

二、判断题

1. 画圆柱体需先确定短轴，再确定与之垂直的长轴。（ ）
2. 画椭圆可以随意画，不需要按顺序。（ ）
3. 透视角度下的圆柱体，它的截面面积大小也不一样。（ ）
4. 三点透视下的圆柱体，它的底面椭圆比顶面椭圆的长轴要短。（ ）

3.6 形体交接类产品线稿表现

形体交接是产品中经常出现的结构形式，绘制时需要了解清楚产品的结构关系，借助透视和线条进行准确的表现。图 3-40 所示为形体交接类产品。

图 3-40 形体交接类产品

3.6.1 形体交接的类型

形体交接的类型比较多，常见的有圆柱体与方体、圆柱体与圆柱体、圆柱体与球体、球体与方体之间的交接，如图 3-41 所示。

3.6.2 形体交接的画法

形体交接中以圆柱类形体交接最复杂,其绘图过程如图 3-42 所示。

步骤1:先绘制水平放置的圆柱体,过点 O 作一条竖直线 CD 并取点 E,过点 E 度画一条水平线,绘制顶部水平椭圆。

步骤2:过点 E 画出与直线 AB 平行的直线 FG,过点 N 画出与 AB 平行的直线 HI,过点 F、G 分别向下作竖直线,得到交点 H 和 I。再过点 E 作直线 JK,过点 J、K 分别向下作竖直线,与下面的椭圆相交,得到点 L 和 M,这样就得到了 H、M、I、L 四个点。

步骤3:过 H、M、I、L 四个点,以相切的方式画出曲线,即为两个圆柱体的交线。

步骤4:最后画出两条黑色的、竖直的外轮廓线,完成圆柱体的交接形体。

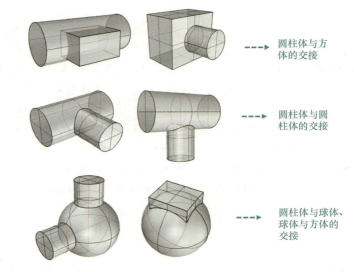

圆柱体与方体的交接

圆柱体与圆柱体的交接

圆柱体与球体、球体与方体的交接

图 3-41 形体交接的类型

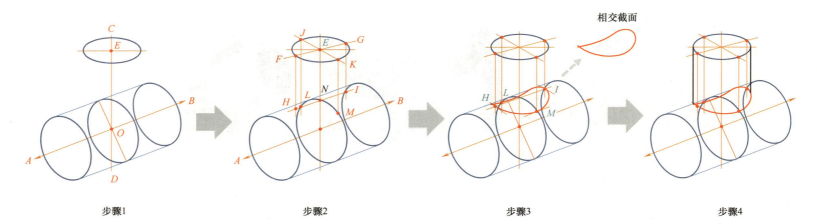

步骤1　　步骤2　　步骤3　　步骤4

图 3-42 形体交接绘图过程

3.6.3 形体交接训练

1. 基础训练

通过圆柱体与方体和球体之间的交接训练，掌握表现的技巧方法，可扫码观看视频，完成作业训练，如图3-43所示。

2. 耳机训练

先画出耳机机身主体，再画出耳机柄，注意交接处的倒角过渡，如图3-44所示。

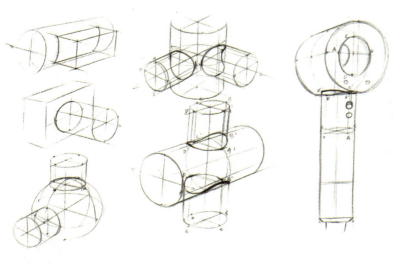

图3-43 形体交接训练

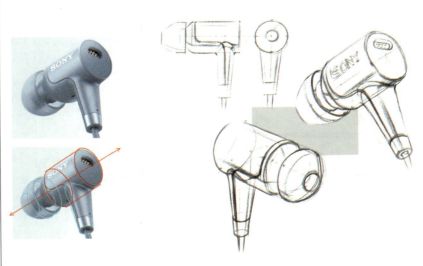

图3-44 耳机形体交接表现

3.6.4 习题

1. 形体交接基础习题

临摹图3-45所示形体交接类产品线稿，要求形体准确，结构特征合理，细节表现精致。

2. 形体交接拓展习题

参照图3-46所示的搅拌机产品线稿图片，进行临摹训练。

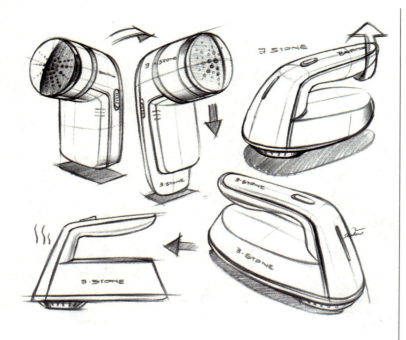

图 3-45 形体交接类产品线稿（图片来自黄山手绘）

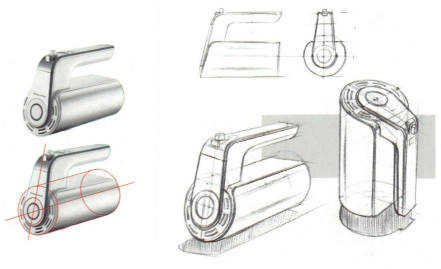

图 3-46 搅拌机产品训练

小结

本节主要介绍了圆柱体与球体和方体交接的具体表现方法，并通过耳机和搅拌机产品进行了具体的示范讲解。

【测一测】

一、填空题

形体交接的类型比较多，常见的有_____、_____、_____、_____之间的交接。

二、判断题

1. 不同形体相交后的交接线也不同。（　　）

2. 两个圆柱体交接后得到的交接线是圆形。（　　）
3. 可以借助建模来理解形体交接线的绘制。（　　）

3.7 截面类产品线稿表现

截面类产品是以一个或多个不同形状的水平或竖直截面进行构型，通过拉伸、放样或多截面形成不同造型，如图 3-47 所示。

截面类产品主要有拉伸类、放样类和多截面类，表现时需要明确截面的类型、截面的形状和位置，以及表现的方法，如图 3-48 所示。

图 3-47　截面类产品

 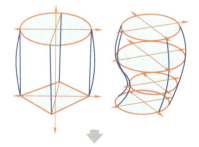 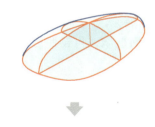

拉伸类：以图中相同形状的蓝色菱形截面进行前后拉伸构建的形体

放样类：以图中不同形状大小的蓝色截面，通过直线或曲线路径放样构建的形体

多截面类：以图中不同位置和方向的蓝色截面构建的形体

图 3-48　三种截面类形体

3.7.1 截面类产品类型

1. 拉伸类产品

拉伸类产品先绘制截面造型，再按照透视法则定出产品长度后，即可完成绘制，如图 3-49 所示。

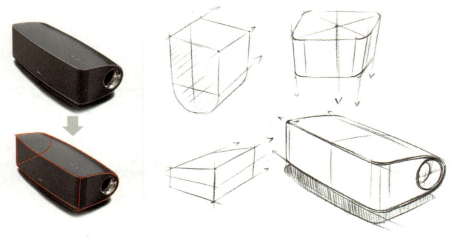

图 3-49 拉伸类产品

2. 放样类产品

放样类产品先绘制椭圆截面造型，再按照透视法则定出产品高度后，即可完成绘制，如图 3-50 所示。

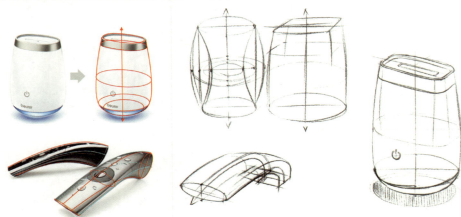

图 3-50 放样类产品

3. 多截面类产品

多截面类产品先绘制水平方向的截面形状，再绘制竖直方向的截面形状，然后连接外轮廓线，即可完成主体造型，最后完成细节特征，如图 3-51 所示。

3.7.2 截面类产品案例：耳温计训练

这款耳温计的造型特点为左右对称，由多个放样截面构成。先绘制出中心线，定出产品的走势以及比例，接着画出关键节点的截面形状，并连接外轮廓，最后进行部件分割以及细节刻画，如图 3-52 所示。

3.7.3 习题

1. 基础习题

参照图 3-53 所示的多截面类形体，完成作品临摹训练。

2. 拓展习题

图 3-54 所示的 POS 机产品左右对称，由多个不同截面形状构成。先绘制出水平方向的绿色截面形状，再绘制出竖直方向的两个红色截面形状，然后连接蓝色外轮廓线即可完成主体造型，最后完成其他细节特征。

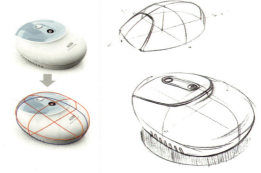

图 3-51 多截面类产品

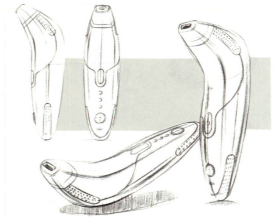

图 3-52 耳温计训练

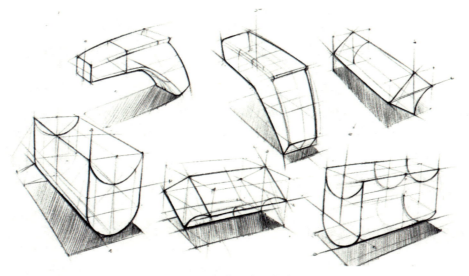

图 3-53 多截面类形体表现

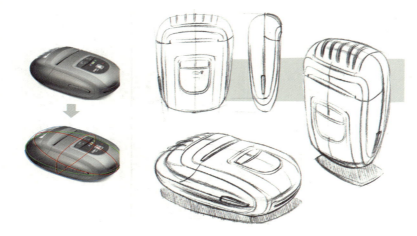

图 3-54 POS 机训练

> **小结**
>
> 本节主要介绍了截面类产品的不同类型、具体表现方法及绘制方法,并通过耳温计和POS机产品进行了具体的示范讲解。

【测一测】

一、填空题

截面类产品主要有_____、_____和_____。

二、判断题

1. 截面构型产品一般有水平或竖直截面。　　　　　　　　　　　　　　　　　　　　　　　(　　)
2. 拉伸类产品的截面形状是一样的。　　　　　　　　　　　　　　　　　　　　　　　　　(　　)
3. 放样类产品是以不同截面形状通过一定的路径形式放样得到的。　　　　　　　　　　　　(　　)
4. 多截面类产品一般有 X、Y、Z 三个方向的截面。　　　　　　　　　　　　　　　　　(　　)

3.8 版面构图

一幅优秀的手绘作品,首先在于构图,好的构图能使画面主次分明,主题突出,赏心悦目。因此,要掌握构图的基本形式,并在实际表现中灵活应用。

构图的基本原则是对称与均衡,对称使画面稳定、和谐,均衡使画面主题突出,画面生动,如图3-55所示。

3.8.1 版面布局基本要素

1. 主视角

它是指最主要,或信息全面,或最打动观众的视角。

2. 辅助视角

它通过其他视角辅助表达产品的重要信息。

3. 功能说明

它是指通过指示箭头、使用场景等方式阐述产品功能。

4. 局部放大图

主视角、辅助视角无法表达清晰的重要设计信息，通过局部放大图的形式，进行设计细节表达。

5. 三视图

它既能更全面阐述设计，也是检验不同透视角度是否成比例、尺寸是否保持统一的途径。

6. 分析图

它是指设计构思记录、产品形体分析、爆炸图。

7. POP 字体

它能够使整体版面活泼，起到有效的视觉表达作用。

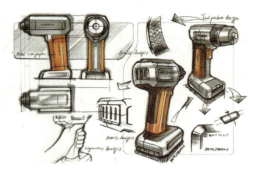

图 3-55　版面构图范例

一张手绘作品，版面主要由主视觉图、次视觉图、三视图、细节图、人机使用图、箭头、背景板、文字说明等构成，如图 3-56 和图 3-57 所示。

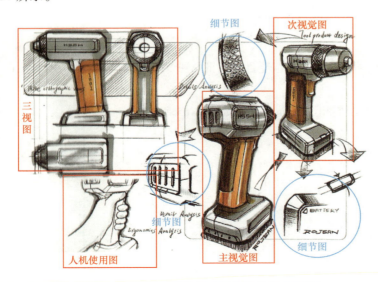
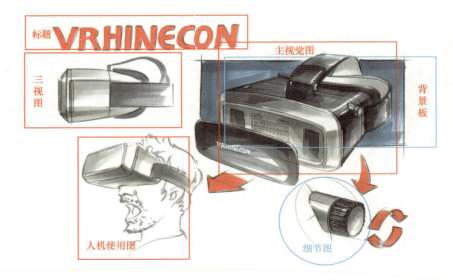

图 3-56　版面构图要素分析（图片来自黄山手绘）

图 3-57　版面构图要素分析

3.8.2 构图的基本步骤

在开始手绘时，先构思画面的构图形式，确定主视觉图的大小和位置，再补充次视觉图，然后画出细节图、人机使用图和三视图，如图 3-58 所示。

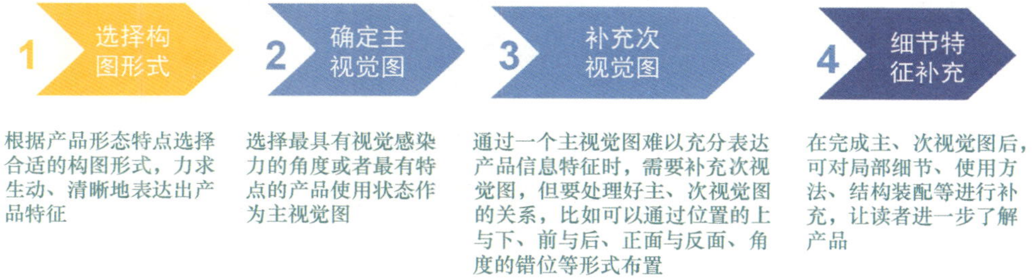

图 3-58　版面构图步骤

3.8.3 构图的基本形式

构图的基本形式有三角形构图、中心式构图、渐变式构图、垂直式构图、S 形构图等，可根据绘制对象的大小、长短和形状的不同灵活选择构图形式。

1. 三角形构图

以 3 个视觉中心为表现对象，形成一个稳定的三角形。这种三角形可以是正三角形、斜三角形或倒三角形。此种构图具有安定、均衡的特点，如图 3-59 所示。

2. 中心式构图

主体处于画面中心，周围分布其他图形，能将视线引向中心主体，具有聚集、发散效果，如图 3-60 所示。

3. 渐变式构图

将多个图形按照渐变形式排列，具有强烈的空间透视感，如图 3-61 所示。

4. 垂直式构图

当所画产品较高时，可垂直式排列，能营造出整齐、高大的效果，如图 3-62 所示。

5. S 形构图

将产品在画面中按照 S 形排列，具有动感、稳定的美感，如图 3-63 所示。

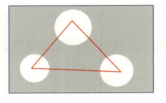 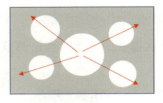 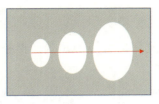 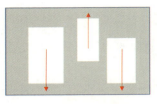 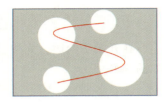

图 3-59 三角形构图　　图 3-60 中心式构图　　图 3-61 渐变式构图　　图 3-62 垂直式构图　　图 3-63 S 形构图

3.8.4 指示箭头

手绘中的指示箭头有放大、旋转、拉伸和翻转等形式。指示箭头常用来表达产品视角旋转、局部细节放大、功能部件移动等信息，如图 3-64、图 3-65 所示。

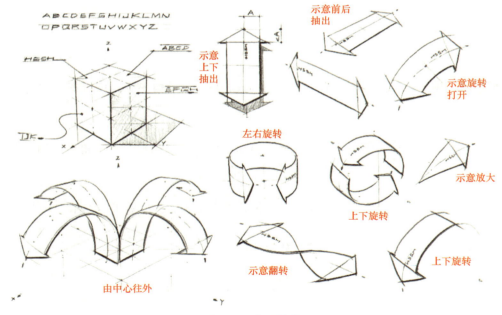

图 3-64 指示箭头

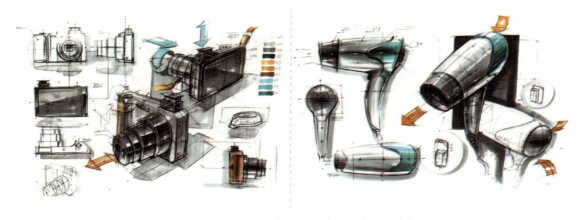

图 3-65 指示箭头应用（图片来自黄山手绘）

3.8.5 背景处理

背景和投影可以有效地衬托产品，一般背景的形状为方形或圆形等简单图形，色彩上采用低明度、低纯度颜色，力求凸显产品效果，拉开画面空间层次，如图 3-66 所示。

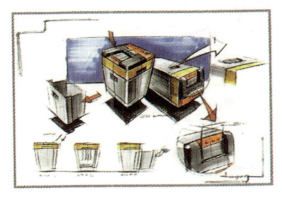 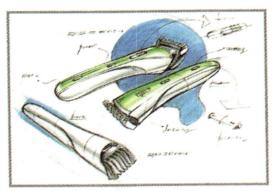

图 3-66 背景处理（图片来自黄山手绘）

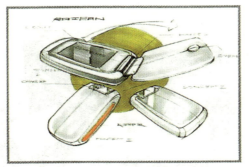
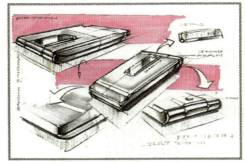

图 3-66　背景处理（图片来自黄山手绘）（续）

3.8.6　版面布局欣赏

利用网络搜集优秀的手绘资料并进行学习，从版面构图、视角安排、线条表现、色彩搭配、马克笔上色技巧、细节刻画等方面展开分析，如图 3-67～图 3-69 所示。

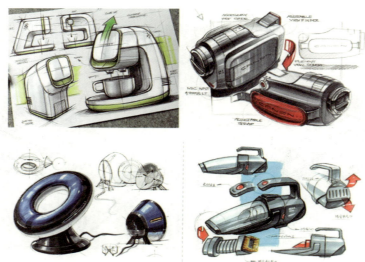

图 3-67　版面布局 1（图片来自网络图片）

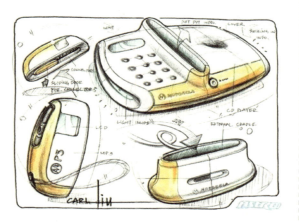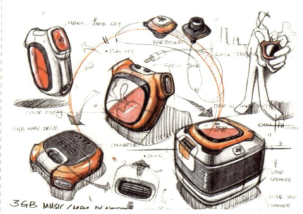

图 3-68　版面布局 2（图片来自刘传凯手绘作品）

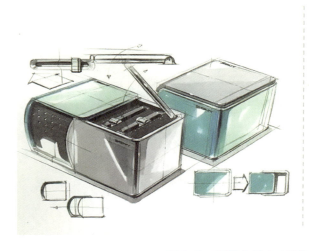

图 3-69　版面布局 3（图片来自石上源手绘作品）

小结

本节主要介绍了版面构图的步骤、类型和要素，指示箭头、背景处理等内容，并结合产品展开版面构图训练。

【测一测】

一、填空题

1. 构图的基本原则是_____与_____。
2. 一张手绘作品，版面主要由_____、_____、_____、_____、_____、_____、_____、_____等构成。
3. 构图的基本步骤有_____、_____、_____、_____。
4. 构图的基本形式有_____、_____、_____、_____、_____、_____等。
5. 指示箭头常用来表达_____、_____、_____等信息。

二、判断题

1. 主视觉图是指具有视觉感染力的角度或者最有特点的产品使用状态。（　　）
2. 主、次视觉图的关系可通过位置的上与下、前与后、正面与反面、角度的错位等形式布置。（　　）
3. 细节补充是指对局部细节、使用方法、结构装配等进行补充。（　　）
4. 三角形构图具有不安定、均衡的特点。（　　）
5. 中心式构图能将视线引向中心主体，具有聚集、发散效果。（　　）
6. 当所画产品较高时，可垂直式排列构图。（　　）
7. 背景的作用是拉开画面空间层次，凸显产品效果。（　　）

第4章
产品马克笔材质表现

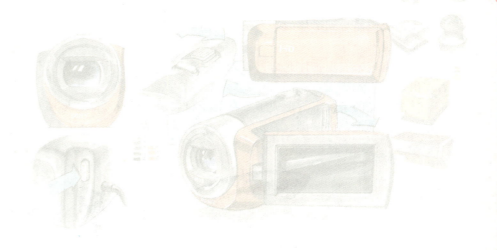

学习目标

1. 掌握平行光源下的常见几何体光影；
2. 掌握马克笔的用笔方法；
3. 掌握马克笔基本形体的表现；
4. 掌握金属材质马克笔表现；
5. 掌握塑料材质马克笔表现；
6. 掌握木料、皮革材质马克笔表现；
7. 掌握透明材质马克笔表现。

学习任务

1. 几何体光影训练；
2. 马克笔笔法训练；
3. 基本几何体马克笔训练；
4. 金属产品马克笔训练；
5. 塑料产品马克笔训练；
6. 木料、皮革产品马克笔训练；
7. 透明材质产品马克笔训练。

素养目标

1. 培养善于观察的习惯；
2. 引导学生的研究意识；
3. 培养学生爱护环境、环保的理念；
4. 培养学生不断进取，反复尝试和探索的精神；
5. 培养问题意识和互帮互助的习惯。

4.1 光影基础

光是我们能看到形体的基本条件。同一物体,在不同的光源角度下,形成的明暗变化不同。同一光源,因物体位置角度的不同,形成的光影也不一样。

用马克笔来表现物体光影,首先需要了解马克笔的特点、配色和运笔技巧,并结合物体光影的规律,才能将产品的光影关系准确地表现出来。

产品在光的条件下,形成了各自的光影关系,也将产品的形体特征、颜色和材质表现了出来,如图4-1所示。因此,物体的光影学习是展开后续上色的基础。

图4-1 产品中的光影

4.1.1 光影类型

1. 点光源投影

这是从一个点发出的无数光线,照到物体后形成的光影。一根柱子的点光源投影为一根线段,一个长方形的点光源投影为梯形,如图4-2所示。

2. 平行光源投影

这是无数个点光源以平行光线照射到物体形成的光影,平行光源投影中有光源投射方向和地面投射方向。一根柱子的平行光源投影

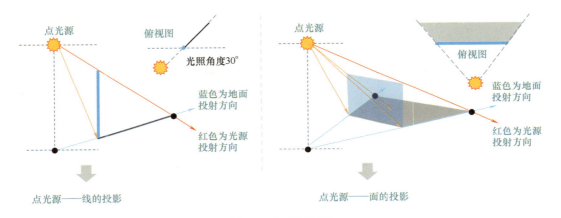

图 4-2 点光源投影

为一根线段，一个长方形的点光源投影为平行四边形，如图 4-3 所示。

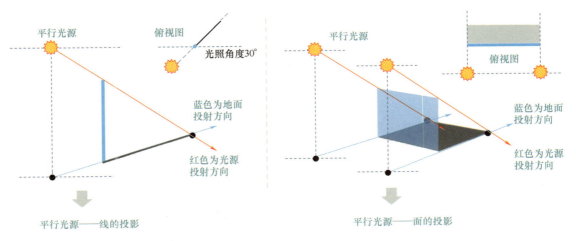

图 4-3 平行光源投影

90°平行光源投影：根据光源高度和角度不同，当光源在物体正上方时，不同几何体的投影是它截面的形状，如图 4-4 所示。

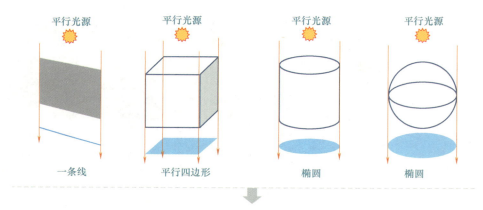

图 4-4　90°平行光源投影

4.1.2　形体光影分析

1. 立方体光影

依据平行光原理，以光照角度 60°、地面投射角度 30° 为例，进行立方体的光影分析，如图 4-5 所示。

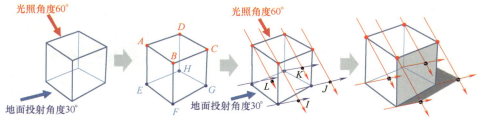

图 4-5　立方体光影

假设光照角度60°不变,地面投射角度分别为0°、30°和45°,那么立方体最终的投影形状也不同,通过对比分析,以光照角度60°、地面投射角度30°为最佳,如图4-6所示。

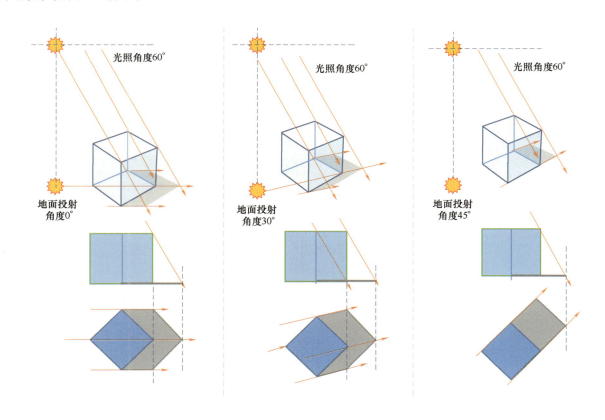

图4-6 三种地面投射角度下的立方体光影

2. 圆柱体光影

以光照角度60°、地面投射角度30°为例,进行圆柱体的光影分析,如图4-7、图4-8所示。
应用马克笔进行几何体上色,按照不同光影角度,最后完成的效果如图4-9所示。

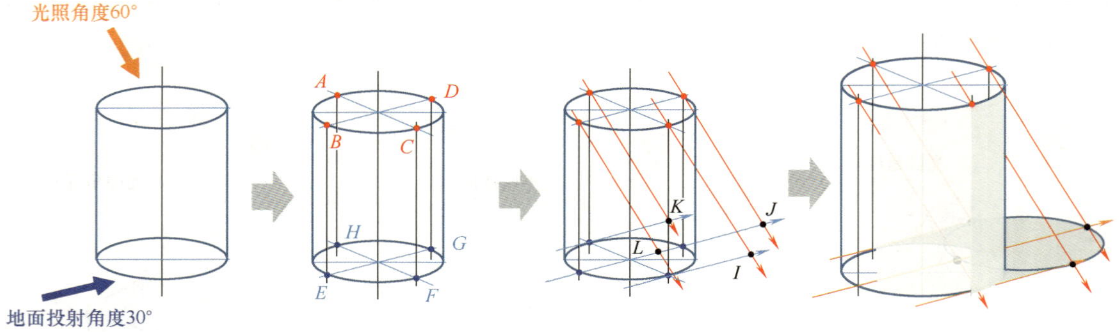

光照角度60°

地面投射角度30°

1. 设定好光照角度和地面投射角度，画出圆柱体

2. 画出顶面椭圆面上四个红色交点A、B、C、D后，向下引出垂直线，与底部椭圆相交，得到底部四个蓝色交点H、E、F、G

3. 红色光照直线依次穿过顶面的四个红色点，地面投射蓝色光线依次穿过底面的四个蓝色点，得到四个黑色投影点I、J、K、L

4. 依次连接四个黑色投影点，得到圆柱体的投影区。圆柱体的顶面最亮，左侧面浅灰，右侧面最暗

图 4-7　圆柱体光影

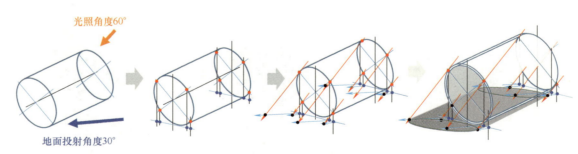

1. 设定好光照角度和地面投射角度，画出圆柱体

2. 画出两个椭圆面上的各四个红色交点后向下引出垂直线，与两条蓝色透视线相交，分别得到四个蓝色交点

3. 红色光照直线依次穿过两个椭圆面的八个红色点，地面投射蓝色光线依次穿过底面的八个蓝色点，得到八个黑色投影点

4. 依次连接下方和上方的四个黑色投影点，得到圆柱体的投影区，圆柱体的顶面最亮，左侧面浅灰，右侧面最暗

图 4-8　水平放置圆柱体光影

图 4-9　圆柱体马克笔上色光影

3. 球体光影

以光照角度 60°、地面投射角度 30° 为例，进行球体的光影分析，如图 4-10 所示。

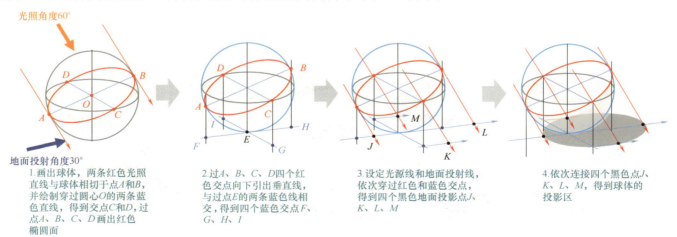

图 4-10　球体光影

4. 圆角矩形光影

以光照角度 60°、地面投射角度 30° 为例，进行圆角矩形的光影分析，如图 4-11 所示。

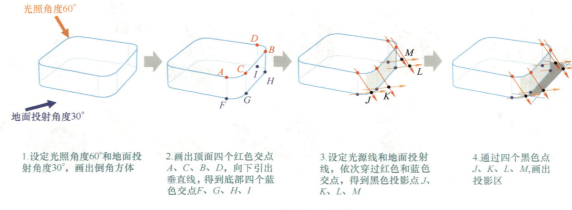

1. 设定光照角度60°和地面投射角度30°，画出倒角方体
2. 画出顶面四个红色交点 A、C、B、D，向下引出垂直线，得到底部四个蓝色交点 F、G、H、I
3. 设定光源线和地面投射线，依次穿过红色和蓝色交点，得到黑色投影点 J、K、L、M
4. 通过四个黑色点 J、K、L、M，画出投影区

图 4-11　圆角矩形光影

应用马克笔进行几何体上色，马克笔表现的球体及圆角矩形光影如图 4-12 所示。

图 4-12　球体、圆角矩形光影（图片来自《产品手绘与创意表达》）

4.1.3 习题

分别画出图 4-13 所示几何体的投影和明暗交界线，参考答案如图 4-14 所示。

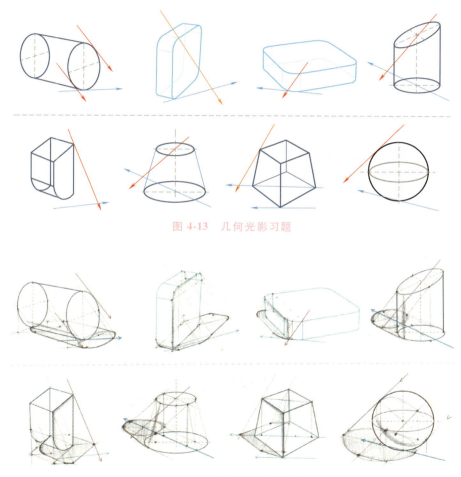

图 4-13　几何光影习题

图 4-14　几何光影参考答案

小结

本节主要介绍了光影类型、形体光影等内容,并结合方体、圆柱体、球体和圆角矩形展开训练。

【测一测】

一、填空题

1. 常见光源分为两大类:_____和_____。
2. 平行光源投影中有_____投射方向和_____投射方向。

二、判断题

1. 点光源和平行光源形成的投影相同。   (   )
2. 90°垂直光照下的形体投影不是其本身的截面形状。   (   )
3. 光照角度相同,而地面投射角度不同时,产生的投影形状也不同。   (   )
4. 球体在任何角度下的投影形状都是椭圆。   (   )

4.2 马克笔技巧

产品手绘上色主要借助马克笔、彩铅、水笔等,或者在电脑上进行上色。马克笔上色效果逼真,上色速度较快,是产品手绘上色的首选。因此,掌握马克笔的特点、笔法应用和上色技巧非常重要。

图 4-15 所示为马克笔及运笔。

图 4-15 马克笔及运笔

了解马克笔的特点后，需要制作一张色卡，以方便后续产品上色时选色和配色，提高绘图效率。可将同色系马克笔按从浅到深排列，如图 4-16 所示。

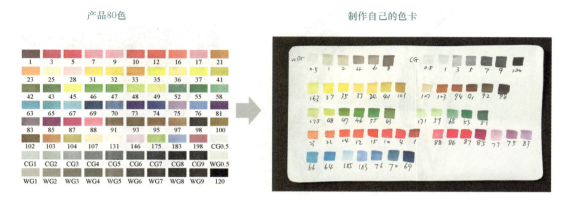

图 4-16　马克笔色卡

一张好的马克笔色彩效果图，具有强大的视觉冲击力、丰富的色彩光影变化和真实的肌理质感。在上色时首先要确定色系，选取同一色系的不同马克笔色号，一般同一色系选两三支深浅有渐变的马克笔，如图 4-17 所示。

4.2.1　马克笔用笔技法

（1）笔触类型　马克笔笔触有摆笔、扫笔和转笔三大类，需要根据不同形体选择合适的笔触类型。

（2）干湿画法　在表现不同材质效果时，可以采用干湿两种画法，干画法需要等画面干透之后再进行叠压过渡，这样会出现很强的块面感；湿画法是趁画面湿的时候再次叠压，让颜色融合，这样表达的产品颜色过渡自然且细腻，如图 4-18 所示。

（3）马克笔的特点　马克笔一头宽一头细，宽头用于铺大面，也可旋转宽头后画细线，比较灵活；细头主要用于画线。

（4）画线要求　运笔时要保证线条平滑、完整、无节点、无波浪起伏，线条颜色均匀，无须叠加。

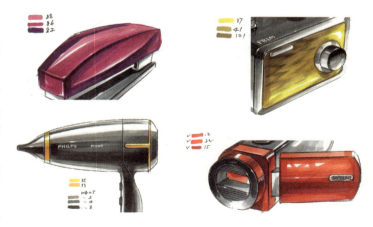

图 4-17　马克笔产品颜色搭配

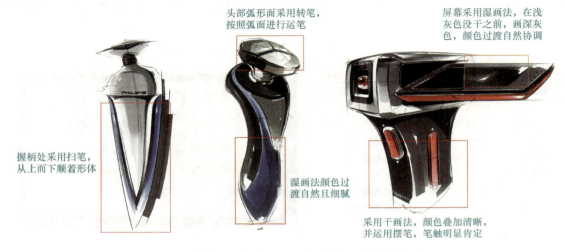

图 4-18　马克笔干湿画法技巧（图片来自石上源手绘作品）

（5）运笔技巧　握笔时手腕锁紧不动，笔头不要离开画面，眼睛提前看到线条终点位置，快速运笔；运笔时，速度慢易渗开，速度快易产生飞白，要根据画面效果控制速度的快慢，如图 4-19 所示。

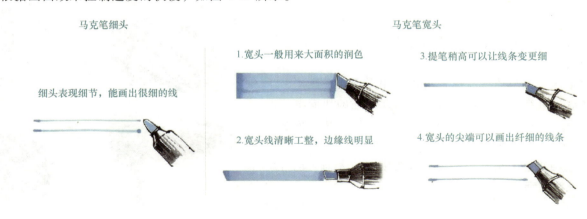

图 4-19　马克笔运笔技巧

4.2.2 马克笔三类笔法

（1）摆笔训练　摆笔是通过均匀地用笔，形成块面效果；也可做交错分布，形成渐变虚实变化，使画面生动透气，尤其在颜色二次、三次叠压加深时，可采用交叉叠压方法，如图4-20所示。

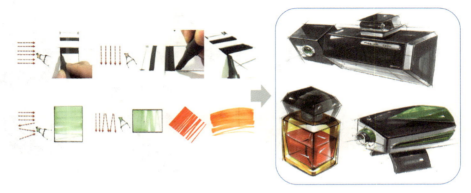

图4-20　摆笔及应用

（2）扫笔训练　扫笔是从一端将笔快速移动到另外一端，画出具有飞白效果的笔触，表现出深浅不一的过渡效果，常用于表现流畅的弧面效果，或者用于颜色加深、叠加过渡，如图4-21所示。

图4-21　扫笔及应用

（3）转笔训练 转笔需要转动手腕来运笔，一般表现在大的转折部位，通常圆形、球体的形态用转笔比较多，如图 4-22 所示。而对于大型复杂形态，会同时运用摆笔、扫笔和转笔，来进行综合应用，才能表现出生动、逼真的质感效果。

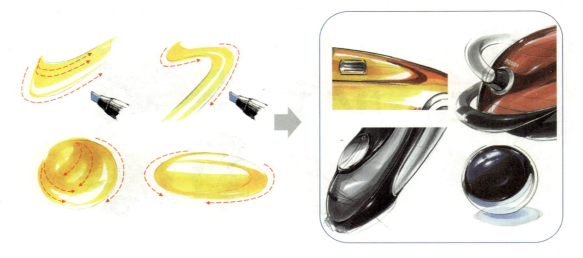

图 4-22 转笔及应用

4.2.3 马克笔笔法训练

1. 三类笔触示范

下面分别介绍摆笔、扫笔和转笔，并进行三种笔触的综合训练，如图 4-23 所示。

注意：马克笔在绘制线条过程中容易产生以下几种问题，如图 4-24 所示。

1）起笔与收笔时停顿时间过长，会造成两端端点过大；
2）运笔过程中停顿或扭曲，会造成笔触不够干脆利落；
3）笔头接触面与纸面不平行，造成笔触不完整；
4）运笔多次重叠后，会形成线条或色块叠影。

2. 用笔的三个"度"

马克笔笔法需要从以下几方面进行训练。

图 4-23 笔触训练

起笔与收笔时停顿时间过长，造成两端端点过大　　运笔过程中停顿或扭曲，造成笔触不够干脆利落　　笔头接触面与纸面不平行，造成笔触不完整　　匀速、流畅运笔，并与纸面充分接触绘制出完整、流畅、利落的笔触

图 4-24　笔触注意问题

1）掌握马克笔运笔速度，控制色差层次与笔触叠加的效果。马克笔在纸上运行速度快，线条颜色浅，反之则深。

2）控制马克笔运笔角度，把握好每一个笔触的角度方向，依据产品形体的轮廓方向、形体走向进行运笔。

3）控制笔的力度，笔头在纸面上压得重，出水多、颜色深，容易渗透，反之则浅。一般暗部深色可以重压笔，反光处、亮部轻压笔。

4）分析不同形体的构成特点，根据平面、弧面、自由曲面灵活、综合地选择不同的运笔技巧。

3. 用笔训练

进行图 4-25 中的摆笔、扫笔和转笔临摹。

4.2.4　马克笔图形训练

1. 图形上色示范

掌握了基本的用笔笔触技巧之后，可以利用平面和曲面图形进行训练，在图形中控制用笔的方向角度、力度和速度，实现面的色块表现；可以选择较浅颜色的马克笔绘制，浅的颜色叠加过渡效果较好。绘制时笔触不要超出线框，可以预留白色高光，平面大致表现出面的深浅变化即可，曲面需要加深明暗对比，如图 4-26 所示。

2. 图形上色训练

根据图 4-27 进行上色训练，注意高光位置及形状、颜色的渐变和笔触方向。

图 4-25　笔法训练

产品手绘与数字化表现

图 4-26 马克笔图形上色

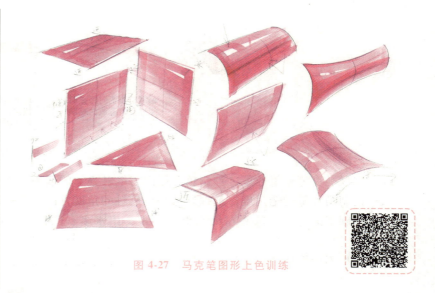

图 4-27 马克笔图形上色训练

小结

本节主要介绍了马克笔的特点、色卡制作、笔法类型及应用等内容，并进行了摆笔、扫笔和转笔及其综合应用训练。

【测一测】

一、填空题

1. 马克笔笔触有_____、_____和_____三大类。
2. 干画法需要等画面_____之后再进行叠压过渡，这样会出现很强的_____。
3. 湿画法是趁画面_____的时候再次叠压，让颜色_____，这样表达的产品颜色过渡自然且细腻。
4. 用笔的三个"度"是指_____、_____和_____。

二、判断题

1. 马克笔分圆头和宽头，分别可以画出不同宽度的线条。（　　）
2. 马克笔中的 WG 代表冷灰色，CG 代表暖灰色。（　　）

3. 制作自己的色卡是为了在选色和配色时提高绘图效率。（　　）
4. 产品上色时，一般同一色系选两三支马克笔即可。（　　）
5. 马克笔的细头用于铺大面，也可旋转画细线，比较灵活。（　　）
6. 马克笔运笔时，速度慢易渗开，速度快易产生飞白。（　　）
7. 马克笔起笔与收笔停顿时间过长，会造成两端端点过大。（　　）
8. 正确的马克笔运笔应该是匀速、流畅，且与纸面充分接触。（　　）
9. 摆笔也可做交错分布，形成渐变虚实变化，使画面透气生动。（　　）

4.3 马克笔形体光影表现

物体在光照环境下呈现三大面（亮面、灰面、暗面）和四大调子（高光、明暗交界带、反光、投影），通过色调光影关系塑造了不同的形体特征，如图4-28所示。

图4-28　曲面形体电脑上色光影（图片来自沈阳ID手绘）

4.3.1 光影规律

在不考虑材质变化与环境对明暗影响的情况下，与光源成45°角的面呈现固有色，与光源成90°角的面最亮，与光源平行的面或相切的面最暗，如图4-29、图4-30所示。

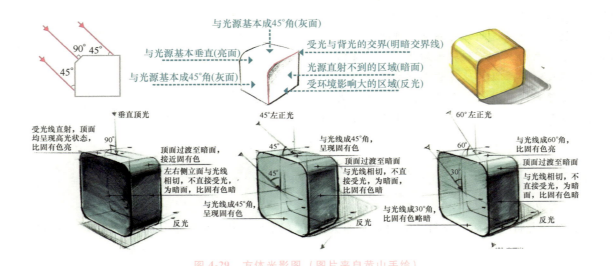

图4-29 方体光影图（图片来自黄山手绘）

从下方左视图分析可得出：点1的位置受光线直射，为高光区域；点2的位置与光线成45角，接近固有色；点3的位置为与光线相切区域，为明暗交界线

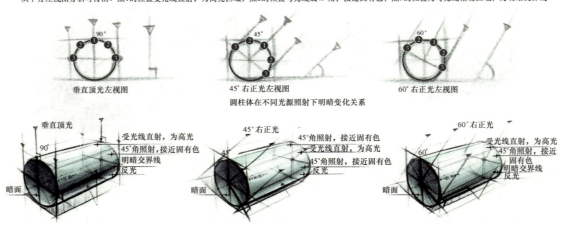

图4-30 圆柱体光影图（图片来自黄山手绘）

4.3.2 光影表现

1. 面光影表现

面的光影主要由光照方向以及自身形体结构决定，需要判断光照与形体各个面的夹角大小，从而来判断颜色的深浅变化（一般90°为高光、45°为本色、0°为暗面，60°为浅灰色、30°为深灰色），再选取对应颜色的马克笔，用笔时的笔触方向和形体结构走向是一致的。一般弧面比平面光影对比强，明暗色差大，如图4-31所示。

2. 面光影训练

根据示范案例完成图4-32所示的形体光影表现，注意笔触方向和颜色深浅变化、高光预留的位置和形状。

3. 形体光影表现

面的组合形成了形体，可以从最基本的几何形态——方体、圆柱、圆锥体、圆开始练习，根据光照方向确定形体的明暗关系。根据面的结构走向选择笔触方向，如图4-33所示。

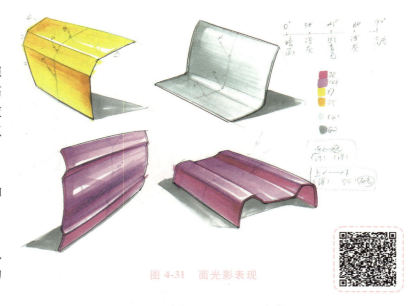

图 4-31 面光影表现

图 4-32 马克笔图形训练　　　　　图 4-33 形体光影表现

4. 形体光影训练

根据示范案例完成图 4-34 所示的形体光影表现，注意颜色的搭配过渡、高光的位置和形状，以及不同面的色差变化。

图 4-34 马克笔形体光影训练

5. 综合形体光影表现

产品一般由简单的形体构成，经过叠加、剪切、倒角和过渡等处理，形成了较复杂的形体。复杂形体需要考虑好光照方向，明确形体的光影关系，确定好马克笔的配色（参考图 4-35 中的马克笔色号）后进行上色，如图 4-35 所示。

6. 综合形体光影训练

根据示范案例完成图 4-36 和图 4-37 所示的综合形体马克笔光影训练。

第4章 产品马克笔材质表现

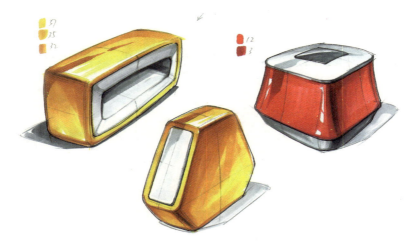

图 4-35 综合形体光影表现

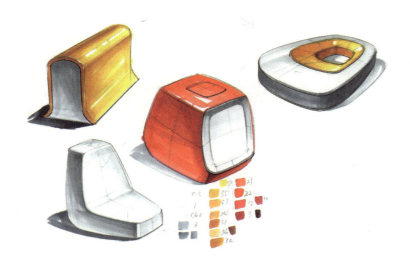

图 4-36 综合形体光影训练 1

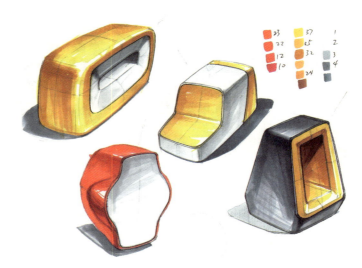

图 4-37 综合形体光影训练 2

> **小结**

本节主要介绍了马克笔形体光影表现,需要掌握三大面、四大调子的光影原理,注意根据光照角度判断用笔深浅的技巧。

【测一测】

一、填空题

1. 物体在光照环境下呈现_____和_____。
2. 三大面包括_____、_____、_____。
3. 四大调子包括_____、_____、_____、_____。
4. 与光源成45°角的面呈现_____,与光源成90°角的面_____,与光源平行的面或相切的面_____。

二、判断题

1. 与光源成45°角的面为固有色,那么与光源成30°角的面比固有色要浅。（　　）
2. 与光源成90°角的面为最亮,那么与光源成60°角的面要暗一些。（　　）
3. 物体的暗部都是一样深的,没有深浅变化。（　　）
4. 物体的暗部一般有明暗交界带、反光,颜色有深浅变化。（　　）
5. 物体在90°光照下的面肯定是最亮的,不受其他影响。（　　）
6. 一般弧面起伏越大,光影对比越强烈。（　　）
7. 画曲面时,笔触方向和形体结构要统一。（　　）

4.4 金属材质表现

在用马克笔表现产品材质之前,首先要了解产品的 CMF[①],一般包括颜色、材质和工艺处理。生活中常见产品的材质有金属（光亮、磨砂）、塑料（透明、磨砂和光亮）、木料和皮革等,如图4-38所示。平时要观察不同材质的光影特点,并结合材质的针对性训练,提升材质的准确表现和色彩搭配能力。

[①] CMF 是 Colour、Material、Finish 的缩写,指色彩、材料和表面处理工艺,是一个非常重要的产品设计元素。——作者注

4.4.1 金属材质的特点

金属材质质感坚硬、反光强、明暗对比强烈,受环境影响大。金属表面质感有磨砂、光亮效果,有些塑料经过表面处理可以具有金属的质感,如图 4-39 所示。

1)磨砂金属材质的特点:磨砂金属高光柔和,明暗反差小,色彩过渡自然,倒圆角或边缘处会产生白色高光或深黑色带,如图 4-40 所示。

2)磨砂金属马克笔绘制技巧:受光面留白或统一用浅色绘制,暗部用深一点的同色系马克笔加深,明暗交界线或转折面处用深色笔表现,反光处用较浅色表现。

图 4-38 产品材质图

图 4-39 金属材质产品   图 4-40 磨砂金属

3)光亮金属材质的特点:光亮金属明暗反差大,色块明确、过渡生硬,边缘处易产生白色高光或深黑色带,如图 4-41 所示。

4)光亮金属马克笔绘制技巧:受光面留白处理,暗部用深一点的同色系马克笔加深,笔触清晰肯定,明暗交界线或转折面处用深色笔表现,反光处用较浅色或直接留白处理。

4.4.2 马克笔金属材质表现训练

利用基本形体与水龙头案例进行金属材质表现的训练,表现时注意高光处留白,笔触均匀,反光强,亮部可以增加环境色,如图 4-42 所示。

1. 基础训练:金属材质形体

步骤 1:合理布局,形体透视比例表现符合视觉感受,完成四个形体线稿。

图 4-41 光亮金属

步骤2：采用冷灰色马克笔，笔触流畅清爽，颜色渐变，层次过渡自然，亮部可添加深色光影笔触来增强光亮质感，明暗交界线加深，拉大明暗反差，凸显金属质感。

图 4-42　马克笔金属材质表现训练

2. 拓展训练：烤面包机光影

烤面包机主要用来烘烤面包片。一台烤面包机通常包括一个多功能烤箱、隔热炉面、可分离式面包屑底盘、提升装置等。临摹图 4-43 所示的烤面包机马克笔效果图，要求线稿准确表现产品造型特点，布局好各部件，完整、清晰地表现产品的功能特点，主视图透视准确，细节刻画完整，色彩过渡自然，金属材质表达准确。

4.4.3　习题

1. 基础习题：金属几何形体

根据图 4-44 提供的金属几何形体进行上色练习，需要拉开明暗色差，笔触干净流畅，渐变自然，细节刻画精致。

第4章 产品马克笔材质表现

1. 分析产品的形体结构，明确产品的颜色搭配、材料质感，构思产品线稿
2. 思考整体构图布局，用笔简洁流畅，完成各产品视图及细节

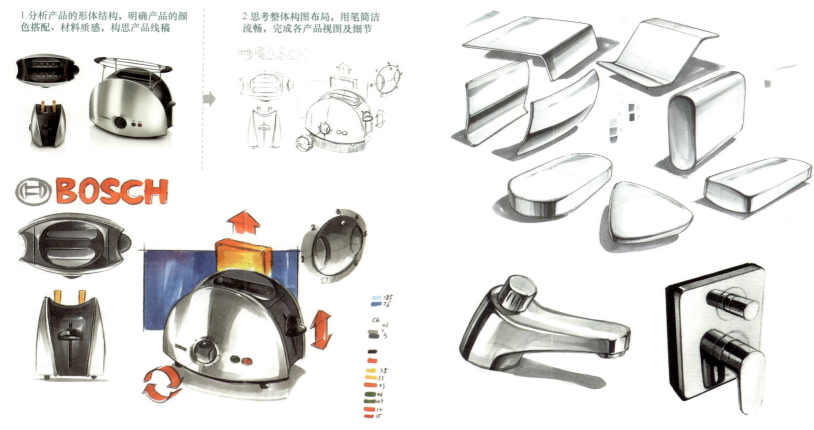

图 4-43　烤面包机马克笔表现效果　　　　　　　　　　　　　　　图 4-44　金属几何形体光影习题

2. 拓展习题：剃须刀

　　临摹图 4-45 所示的剃须刀马克笔效果图，要求线稿准确表现剃须刀产品造型特点，布局好各部件，完整、清晰地表现产品的功能特点，主视图透视准确，细节刻画完整，色彩过渡自然，准确表现金属材质。

图 4-45　飞利浦剃须刀马克笔效果图

小结

本节主要介绍了金属马克笔表现，包括磨砂金属和光亮金属两种效果，并结合金属材质的形体光影表现和金属产品马克笔表现的示范讲解，让学生掌握金属马克笔材质的表现技巧。

【测一测】

一、填空题

1. 金属材质_____、_____、_____，受环境影响大。
2. 金属表面质感有_____、_____。
3. 产品的 CMF 是指_____、_____和_____。
4. 磨砂金属马克笔绘制技巧：受光面_____或统一用_____绘制，暗部用深一点的同色系马克笔加深，明暗交界线或转折面处用_____笔表现，反光处用_____表现。

二、判断题

1. 塑料可经过表面处理形成金属质感。　　　　　　　　　　　　　　　　　　　　　　　　　　（　　）

2. 磨砂金属材质的特点是高光柔和，明暗反差小，色彩过渡自然。（　）
3. 金属材质在倒圆角或边缘处会产生白色高光或深黑色带。（　）
4. 光亮金属材质的特点为明暗反差大，色块明确、过渡生硬。（　）
5. 表现金属材质时，反光处颜色较深，不需要留白处理。（　）
6. 金属上色时需要拉大明暗色差，用笔果断肯定。（　）

4.5 塑料材质表现

塑料产品具有重量轻、强度大、抗冲击性好、透明、防潮、美观、化学性能稳定、韧性好且防腐蚀等优点。

塑料材质可以分透明、半透明和不透明三种，表面具有磨砂、光亮质感。塑料表面还可以进行表面材质处理，模拟橡胶、金属、皮革等质感，如图4-46所示。

4.5.1 塑料材质的特点

1）磨砂塑料材质的特点：磨砂塑料明暗过渡平顺，高光区域呈面状分布，反光弱。

2）磨砂塑料马克笔绘制技巧：受光面先统一用浅色绘制，再用白色彩铅提高光泽，暗部用深一点的同色系马克笔加深，用笔过渡柔和，可反复叠加，如图4-47所示。

图4-46　塑料产品　　　　　　　　　　图4-47　磨砂塑料的表现

3）光亮塑料材质的特点：光亮塑料明暗对比增强，呈现明显的点状、线状、带状高光，反光增强。

4）光亮塑料马克笔绘制技巧：高光、反光带留白，亮部可点缀深色笔触，增加光亮质感的对比，明暗交界线增强，笔触清晰肯定，如图 4-48 所示。

4.5.2　马克笔塑料形体训练

塑料表面具有光亮与磨砂质感，表现光亮质感时，可以预留高光，拉大明暗色差，用笔肯定流畅。表现磨砂质感时，无须预留高光，颜色过渡自然，用笔柔和自然。

图 4-48　光亮塑料的表现

1. 基础训练：塑料形体（见图 4-49）

步骤 1：合理布局，形体透视比例合理，完成三个形体线稿。

步骤 2：参考图 4-49 所示马克笔颜色，注意颜色搭配过渡自然，拉开明暗色差，强化明暗交界线和高光处理，表现出塑料材质的光亮质感特点。

2. 拓展训练：吹风机

临摹图 4-50 所示吹风机马克笔效果图，要求线稿准确表现产品造型特点，布局好各部件，完整清晰表现产品的功能特点，主视图透视准确，细节刻画完整，色彩过渡自然，材质表达准确。

4.5.3　习题

1. 基础习题：塑料形体

根据图 4-51 提供的塑料形体进行上色，参考提供的马克笔色号进行搭配，颜色过渡自然，用笔干净流畅，塑料材质表现准确。

2. 拓展习题：耳温计

临摹图 4-52 所示耳温计的马克笔效果图，要求线稿准确表现产品造型特点，布局合理，用笔流畅自然，色彩搭配合理，体现出塑料的光泽感，屏幕细节刻画细腻。

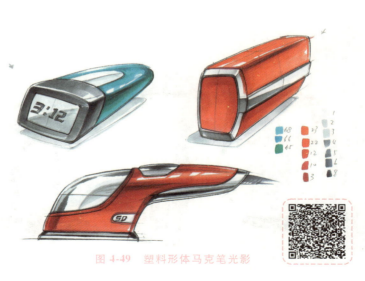

图 4-49　塑料形体马克笔光影

第4章 产品马克笔材质表现

1. 分析产品的形体结构，明确产品的颜色搭配、材料质感，构思产品线稿

2. 思考整体构图布局，用笔简洁流畅，完成各产品视图及细节

图 4-51　塑料形体马克笔表现

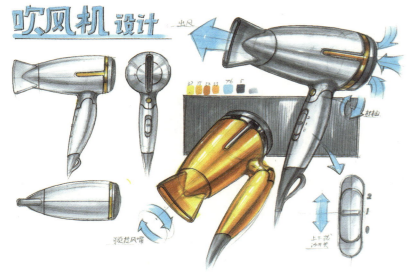

图 4-50　吹风机马克笔表现

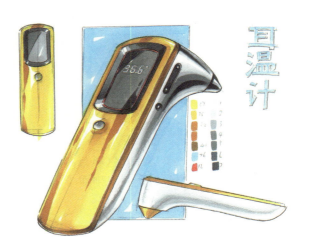

图 4-52　耳温计马克笔表现

小结

本节主要介绍了塑料马克笔表现,包括磨砂塑料和光亮塑料两种效果,光亮塑料可以预留高光,拉大明暗色差,磨砂塑料无须预留高光,颜色过渡自然,暗部都可以采用湿画法。

【测一测】

一、填空题

1. 塑料材质可以分_____、_____和_____三种。
2. 塑料表面具有_____、_____质感。
3. 磨砂塑料材质的特点为明暗过渡_____,高光区域呈_____分布,反光_____。
4. 光亮塑料材质的特点为明暗对比_____,呈现明显的_____、_____、_____高光,反光_____。

二、判断题

1. 塑料经过处理,可以模拟橡胶、金属、皮革等质感。( )
2. 塑料产品具有透明、轻盈、美观、化学性能稳定等特点。( )
3. 金属要比塑料明暗对比强。( )
4. 光亮塑料比磨砂塑料的明暗对比要强。( )

4.6 木料、皮革材质表现

木料有不同的色泽和纹理,表现时要选择好色彩与木纹肌理。皮革质地柔软,表面纹理美观,具有温馨、奢华的品质。

其实,木料与皮革的上色方法很相似,主要区别在于木料要画出自然的木纹肌理,而皮革需要在细节处画出缝线,如图 4-53 所示。

4.6.1 木料、皮革材质的特点及马克笔绘制技巧

1)木料、皮革材质的特点:木料和皮革受环境影响小,明暗对比弱,以固有色为主,反光弱。
2)木料、皮革材质马克笔绘制技巧:木料、皮革的明暗对比弱,以固有色为主,木料上添加木纹细节,皮革上添加缝线和表面

纹理。

4.6.2 马克笔木料、皮革形体训练

1. 基础训练：木料、皮革形体

这里选取了相对简单的木料、皮革形体进行训练，先进行铺色，然后画上木纹和皮革的缝线，光亮的皮革可以预留高光，如图 4-54 所示。

步骤 1：木料、皮革图形构图合理，大小比例准确，透视合理，木纹的刻画注意疏密对比，完成线稿。

步骤 2：参考图 4-54 中的马克笔色号，注意配色过渡均匀，用笔流畅清爽，木纹纹理、皮革缝线表现自然。

图 4-53 木料、皮革产品

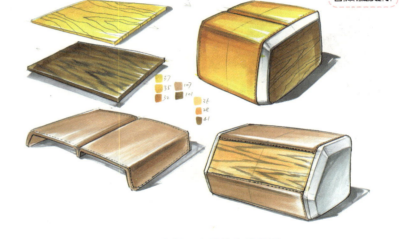

图 4-54 木料、皮革马克笔表现

2. 拓展训练：蓝牙音箱

蓝牙音箱指的是内置蓝牙芯片，以蓝牙连接取代传统线材连接的音响设备，通过与手机、电脑等蓝牙播放设备连接，达到方便、快捷的目的。

临摹图 4-55 所示蓝牙音箱马克笔效果图，要求线稿准确表现产品造型特点，根据形体走向用笔流畅自然，材质色彩搭配合理，光影关系准确，细节刻画细腻。

4.6.3 习题

1. 基础习题：木料、皮革形体

根据图 4-56 提供的木料、皮革的马克笔形体光影进行临摹，注意质感、纹理的刻画。

2. 拓展习题：数码摄像机

数码摄像机主要由机身、镜头、屏幕、功能按键、固定带等构成。根据提供的数码摄像机马克笔效果图进行临摹学习，布局好产品各部件位置，主视图透视准确，细节刻画完整，色彩过渡自然，材质表达准确，如图 4-57 所示。

图 4-56　木料、皮革马克笔表现

图 4-55　蓝牙音箱马克笔表现

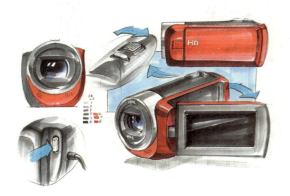

图 4-57　数码摄像机马克笔表现

> 小结

本节主要介绍了木料、皮革的马克笔表现,木纹的刻画需要注意纹理的疏密、粗细对比,皮革需要注意缝线分布均匀一致,上色宜采用湿画法,颜色过渡自然,高光预留在边缘处。

【测一测】

一、填空题

1. 木料有不同的_____和_____,表现时要选择好_____与木纹_____。
2. 木料、皮革材质的特点为受环境影响_____,明暗对比_____,以_____为主,反光_____。

二、判断题

1. 皮革具有光滑、粗糙不同的表面纹理。（   ）
2. 木料与皮革最大的区别在于纹理不同。（   ）
3. 绘制皮革材质时,可用肌理板来表现皮革肌理。（   ）
4. 绘制木料、皮革时,先铺色,再添加木纹或皮革缝线效果。（   ）
5. 木料、皮革一般明暗对比强,以固有色为主。（   ）
6. 绘制木料纹理时,也可以用肌理板来直接绘制。（   ）

4.7 透明材质表现

常用的透明材料有玻璃、透明塑料两大类。透明材质具有通透、反光的特点,视觉上具有轻盈感、神秘感,如图4-58所示。

4.7.1 透明材质的特点及马克笔绘制技巧

1) 透明材质的特点:明暗对比强,反光强,能看到背面,环境影响大于光照影响。
2) 透明材质马克笔绘制技巧:用笔干脆肯定,笔触清晰,先画背面色彩,再表现前面透明材质的光影,轮廓线边缘可以预留白边。

4.7.2 透明材质表现训练

1. 基础训练：透明形体

这里选取了常见的几何形体进行透明材质的表现，表现时在边缘处留出白边，先表现面的亮与暗的关系，再刻画轮廓线、明暗交界线，预留好高光和轮廓线的白边，透明容器内有液体的，可以先画液体，投影用浅灰色，如图4-59所示。

步骤1：进行三个形体的合理布局，大小比例透视准确，完成线稿。

步骤2：参考图中的马克笔色号，注意前后透明层次的叠加效果，笔触流畅清爽，外边缘用水笔勾画轮廓线，中间预留高光，内侧加深刻画，亮部可增加深色光影，以增强质感，投影用浅灰色绘制。

2. 拓展训练：电动削笔刀

电动削笔刀是削铅笔的工具，利用电动机产生的动力削铅笔，方便快捷、环保卫生。产品整体简洁小巧，以塑料为外形框架，可调节削笔的模式，笔屑储存在透明罩子内，方便清理和观察。

临摹图4-60所示的电动削笔刀，注意产品整体布局，以及蓝色塑料壳体和深色透明材质的表现。

4.7.3 习题

1. 基础习题：透明塑料形体

根据图4-61所示的透明形体，完成形体中的木纹、塑料和透明材质的临摹上色。重点需表现透明材质的通透感层次感。

2. 拓展习题：熨斗

临摹图4-62所示的熨斗产品，注意产品视角的布局，两个视图的大小对比，红色光亮塑料材质、透明塑料和水的质感表达，以及字幕、开关等细节的准确表现。

图4-58 透明材质产品

图4-59 透明材质训练

第4章 产品马克笔材质表现

1.分析产品的形体结构，明确产品的颜色搭配、材料质感，构思产品线稿

2.思考整体构图布局，用笔简洁流畅，完成各产品视图及细节

图 4-61 透明形体习题

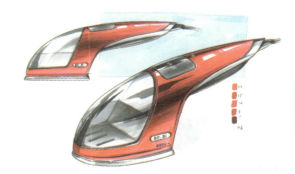

图 4-60 电动削笔刀马克笔效果图

图 4-62 熨斗产品习题

小结

本节主要介绍了透明材质马克笔表现,透明容器里面有液体的可以先画液体,然后画外面的透明容器,边缘注意留白和压黑边,同时要将边缘轮廓线加深。

【测一测】

一、填空题

1. 常用的透明材料有_____、_____两大类。
2. 透明材质的明暗对比_____,反光_____,能看到_____。

二、判断题

1. 透明材质具有通透、反光的特点,具有轻盈感、神秘感。（   ）
2. 透明材质的环境影响大于光照影响。（   ）
3. 透明材质一般先画前面光影,再画背面色彩。（   ）
4. 透明材质上色时,多层透明层比单层透明层应该画得颜色较浅。（   ）
5. 画有壁厚的透明层时,可在边缘留白和加深处理。（   ）

第5章
产品Photoshop数字化表现

学习目标

1. 掌握 Photoshop 软件的基础操作命令、表现流程方法；
2. 理解企业产品设计开发诉求、流程和产品展示方法；
3. 灵活应用 Photoshop 软件表现产品效果。

学习任务

1. 完成 Photoshop 软件基础命令学习；
2. 应用 Photoshop 软件完成儿童刷牙提醒器产品效果图表现；
3. 应用 Photoshop 软件完成灭菌器产品效果图表现；
4. 应用 Photoshop 软件完成透明水壶产品效果图表现；
5. 应用 Photoshop 软件完成剃须刀产品效果图表现。

素养目标

1. 培养遵守道德规范、法律法规等的职业素养；
2. 具有创新意识和能力，能够独立思考并解决遇到的问题，具备终身学习能力，保持对新技术的关注和学习；
3. 具有团队意识和协作意识；
4. 具有环境意识，培养诚实守信的美德。

本章应用 Photoshop 软件对产品草图进行数字化上色表现，讲解 Photoshop 软件的基本命令和表现方法后，结合四个案例产品进行产品表现，如图 5-1 所示。其中，儿童刷牙提醒器、灭菌器为企业开发产品项目，展示了从产品定位分析到效果图设计的整个过程，Photoshop 软件重点表现产品的颜色和光影效果；透明水壶和剃须刀重点表现产品的材料和质感；以此熟练掌握 Photoshop 软件上色的基本工具命令和表现技巧，从而灵活应用在产品数字化手绘设计中。

图 5-1　数字化表现案例图

5.1　Photoshop 软件基础

5.1.1　Photoshop 软件的操作界面与造型基本工具

首先介绍 Photoshop 软件的基本界面。打开 Photoshop 软件后，可以看到界面左边为工具栏，右边为图层、通道和路径等控制面板，上方为菜单栏，菜单栏下面是属性栏，界面最下面一行是状态栏，如图 5-2 所示。

工具栏中有很多工具是绘图时常用的，产品表现中常用的工具如图 5-3a 所示。

在工具栏中，一些工具的右下角有黑色小三角，表明这个工具还有扩展工具，只要单击黑色三角，扩展工具就会出现，然后选择需要的工具即可，如图 5-3b 所示。

第5章 产品Photoshop数字化表现

图 5-2 Photoshop 软件界面

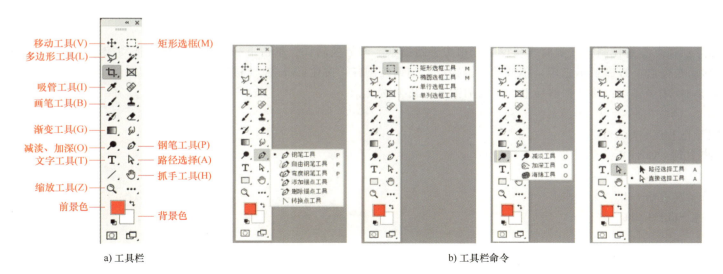

a) 工具栏   b) 工具栏命令

图 5-3 工具栏及其命令

127

5.1.2 快捷键命令

在 Photoshop 产品表现中常使用快捷方式来操作，以下是常用快捷操作归类。

1. 图层应用类

1）复制图层：Ctrl+J。
2）合并图层：Ctrl+E。
3）新建图层：Shift+Ctrl+N。
4）图层上下移动：上，Ctrl+［；下，Ctrl+］。
5）复选图层：按住<Shift>键复选对应图层。

2. 画笔工具类

1）画笔工具：B。
2）画笔笔刷大小：［小］大。
3）画笔转吸管：在画笔状态下按住<Alt>键。
4）刷直线：在画笔状态下按住<Shift>键。

3. 钢笔工具应用

钢笔锚点：锚点左右控制杆表示曲线与控制杆相切于此锚点。调节控制杆：单击下一个锚点不放，拖动控制杆；切换控制杆：按住<Alt>键（移动在锚点上方显示小三角）不放并单击锚点；细调控制杆：按住<Alt>键（移动在控制杆的点上方显示小三角）不放并单击移动调节；添加/减少锚点：移动到路径上，可添加锚点、减少锚点。

4. 色彩调整类

1）色相/饱和度：Ctrl+U。
2）曲线工具：Ctrl+M。
3）色彩平衡：Ctrl+B。
4）色阶工具：Ctrl+L。
5）去色：Shift+Ctrl+U。

5. 其他重要工具

1）钢笔工具：P。
2）变换工具：Ctrl+T。

3）路径转变成选区：Ctrl+Enter。

4）填充前景色：Alt+Delete。

5）工作视窗模式切换：F。

6）取消选区：Ctrl+D。

7）工作视窗缩放：按住<Alt>键。

8）工作视窗移动：按<Space>键。

5.1.3 产品二维效果表现

通过二维软件或手绘板进行产品二维创作表现，能更好地模拟产品形态之间的造型关系和材质表面处理等真实效果，为后续三维建模和渲染提供更好的设计参考，如图5-4所示。

本章将使用 Photoshop 软件来表现产品造型、材质、光影效果，了解产品设计效果的流程、造型过程中对材质与光影的设计应用。

5.1.4 产品二维表现的优势

1）设计阶段：用于创意成熟方案的细节推敲；

2）设计表达：用于表现较真实的产品效果，有利于设计方案的评判和选择；

3）设计效率：产品效果呈现较快，可随时修改、推敲，设计流程上更加高效，能够帮助设计师更好地理解产品；

5.1.5 产品二维表现的光影原理

要表现好光影就必须先在设计者的脑海中构建一个三维空间，并假想一个主光源，有了主光源后，所有与光影相关的工作都必须在这个主光源进行，所有的高光、阴影、反光的位置都要随着主光源的变化而变化，这样才能塑造出造型。

图 5-4　产品二维效果图案例

主光源的设置完全根据设计师自己的习惯，有的人习惯右上方光源，有的人习惯左上方光源。只是要注意一点，那就是一旦设置了主光源，以后的光影变化一定要与主光源一致，这是很简单的素描原则。

1）正交效果的五层次明暗关系绘制法。要想在平面色块上表达出立体效果，在这个色块上务必画出依次为边缘、高光、渐变阴影、反光、暗部边缘这五个层次关系，如图5-5所示。基于以上光影关系，产品造型曲面的饱满还是硬朗特征，主要是通过处理这五个层次的明暗关系、大小占比关系来实现的。

2）透视效果立方体明暗关系绘制法。在绘制透视效果图时，可以把整个透视的产品想象成一个立方体，根据亮面、灰面、暗面的光影层次关系来把握产品的大光影方向，如图5-6所示。基于以上光影关系，在单一色块上色时还要遵循正交效果的五层次明暗关系绘制法。

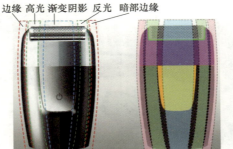

图 5-5　剃须刀光影　　　　　　　　　　　图 5-6　电动工具立体光影

光影关系的运用既需要平时的观察和积累，也需要大量的练习。

5.1.6　产品二维表现的步骤

以儿童刷牙提醒器产品效果图为例，从草图绘制到色块分件，再到材质光影刻画等，要经过三个步骤来完成效果图的绘制。

1）草图绘制：包含了概念导入、创意草图构想、草图具体绘制等，完整清晰地呈现产品的造型特征，如图5-7所示。

2）色块分件：用Photoshop软件对草图进行线框绘制，并将各部件填充不同色块，如图5-8所示。

3）材质光影刻画：设置统一的光源方向，调整产品整体明暗关系、各部件的光影材质颜色关系，以及产品细节的刻画，如环境背景、投影、倒影等设置，最终效果如图5-9所示。

图 5-7　草图绘制　　　　　　　　　图 5-8　色块分件　　　　　　　　　图 5-9　材质光影效果

小结

本节主要介绍了 Photoshop 软件的常见命令与操作方法，以及软件的概念、优势和光影原理，并通过儿童刷牙提醒器产品讲述了具体步骤和思路。

【测一测】

选择题

1. 在 Photoshop 中，如果要将一个路径转化为选区，应使用哪个快捷键？（　　）
A. <Ctrl+Enter>　　　　　B. <Alt+Delete>　　　　　C. <Ctrl+J>　　　　　D. <Ctrl+U>

2. 在 Photoshop 中，为了填充前景色到当前图层，应使用哪个快捷键组合？（　　）
A. <Alt+Delete>　　　　　B. <Ctrl+D>　　　　　　C. <Ctrl+Enter>　　　　D. <Ctrl+U>

3. 在进行色块颜色更换时，使用了哪个工具？（　　）
A. <Ctrl+Enter>　　　　　B. <Alt+Delete>　　　　　C. <Ctrl+J>　　　　　D. <Ctrl+U>

4. 在 Photoshop 中，如何锁定图层的透明像素？（　　）
A. 在图层面板中选择"锁定透明像素"选项　　　　B. 使用<Ctrl+Enter>
C. 使用<Ctrl+J>　　　　　　　　　　　　　　　D. 使用<Ctrl+U>

5. 在使用画笔工具绘制直线时，需要按住哪个键？（　　）
A. <Shift>　　　　　　　　B. <Alt>　　　　　　　　C. <Ctrl>　　　　　　　D. <Tab>

6. 在 Photoshop 中，对于金属、电镀等高亮材质，光影表现的特点是什么？（　　）

A. 明暗对比反差小，色块模糊　　　　　　　B. 明暗对比反差大，色块明确，过渡生硬

C. 色块不明确，过渡柔和　　　　　　　　　D. 无明显的明暗对比

7. 在处理图像时，如何调整选区的大小和位置？（　　）

A. 使用<Ctrl+J>　　　　　　　　　　　　　B. 使用选择→变换选区

C. 使用<Ctrl+U>　　　　　　　　　　　　　D. 使用<Ctrl+Enter>

8. 在 Photoshop 中，如何创建一个新的图层？（　　）

A. 单击"文件"菜单中的"新建"选项　　　　B. 单击"图层"菜单中的"新建"选项

C. 单击"编辑"菜单中的"新建"选项　　　　D. 单击"窗口"菜单中的"新建"选项

5.2　儿童刷牙提醒器 Photoshop 表现

5.2.1　项目设计诉求

1. 产品简述

儿童刷牙提醒器是为帮助 3~6 岁小朋友养成良好的刷牙习惯设计的产品，从一定程度上缓解了家长的压力，减少了孩子对刷牙的抵触情绪。该产品核心功能简单、易用，无须额外连接智能设备，连上电源即可使用。使用前，轻轻按压，即可开启基本刷牙方式指导，并通过音乐、动画故事、游戏和语言交互等不同形式，培养小朋友对刷牙的兴趣，在娱乐中养成刷牙的习惯。

2. 造型设计要求

该产品整体造型应为卡通形象，可爱，风格简约；颜色较为鲜艳但不浓艳，大小限制在 65mm×65mm×75mm 以下，尽量避免零碎的突起或小部件。其屏幕交互形象需要有卡通表情变化，提示刷牙的操作。该产品需要考虑台面和壁挂两种放置方式，以及方便小朋友手持使用。

3. 部件设计要求

该产品有以下部件：①一块彩色 LCD 屏幕（1.8in[⊖]，128×160 像素），用于显示面部表情和相关交互动画；②一个喇叭：需要侧面

[⊖]　1in（英寸）= 0.0254m（米）。——编辑注

放置，具备防水功能；③一个电源开关按钮，可长按和短按操作；④供电方式：内置充电电池（18650 锂电池一节）可使用 MicroUSB 线充电；⑤芯片：ESP-12E。其参考资料图如图 5-10 所示。

 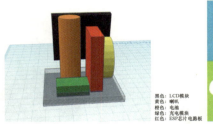 

图 5-10　参考资料图一

5.2.2　项目设计过程

1. 设计构思

本设计从设计诉求出发研究产品的造型风格意向、产品架构方式以及材质和颜色搭配等问题，进行多种形式的设计构思。其造型感可以借鉴未来感的小机器人、趣味化的小怪物、可爱的卡通动物等元素。材质上可应用塑料、硅胶和半透明材质，颜色上可以应用马卡龙色、明亮鲜艳色和小米白等，如图 5-11 所示。

2. 草图设计

展开草图设计，结合河马形象设计了一款乐牙牙的造型，如图 5-12 方案 A 所示，将河马脸部设计成交互屏幕，整体造型圆润可爱。图 5-12 所示方案 B 是以兔子形象设计的一款乖乖兔，整体以蛋形为主，突出两个兔耳朵。

     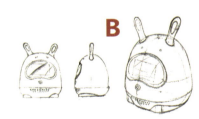

图 5-11　参考资料图二　　　　　　　　　　　图 5-12　参考资料图三

3. Photoshop 软件上色效果图

通过 Photoshop 软件将草图上色，准确表现出草图的形体特征，以及产品的光影材质，并对细节特征，如表情、分型线、喇叭孔等进行细致刻画。最后完成的效果图如图 5-13 所示。

图 5-13　Photoshop 二维效果图

5.2.3　儿童刷牙提醒器 Photoshop 软件效果图表现

步骤 1：新建文件导入素材。

打开 Photoshop 软件，新建一个 A4 大小的文件，命名为儿童刷牙提醒器，如图 5-14 所示，创建完成后，将河马草图和参考图拖入 Photoshop 软件内的文件中，按 <Ctrl+T> 键对图片进行缩放调整，如图 5-15 所示。

图 5-14　新建文件

图 5-15　河马草图

步骤 2：分析河马光影。

先分析参考图上的光影关系，整体为一个圆柱体经过弯曲、切割后形成的形体，主光源从左侧而来，整体为草绿色，右侧为暗面带反光，顶面为深色屏幕，左侧为亮面。河马草图可以按照参考图的颜色和光影关系进行上色，如图 5-16 所示。

步骤 3：创建河马路径曲线。

创建新组名称为"组 1"，并在它里面创建新图层 2[⊖]，如图 5-17 所示，在图层 2 上用钢笔工具绘制曲线，可以用放大镜放大草图，按<Space>键移动画面，先绘制图 5-18 所示的直线段图形，然后在每条边的中间位置增加节点（按住<Ctrl>键移动节点，按<Alt>键拖动节点调节曲线），最终完成图 5-19 所示的河马曲线，使封闭的流畅曲线贴合草图外轮廓。

图 5-16　河马光影分析

图 5-17　新建组和图层

图 5-18　直线段图形

图 5-19　河马曲线

⊖ 草图为图层 1，因此新建图层变为图层 2。——编者注

步骤4：河马身体填色。

按<Ctrl+Enter>键，将曲线转化为选区，如图5-20所示，然后用吸管工具吸取参考图中的绿色，按住<Shift+F5>键，将绿色填充到选区内，在弹出的填充菜单上，参数保持默认，按"确定"按钮完成绿色填充，如图5-21所示。

图5-20 河马选区

图5-21 河马绿色填充

步骤5：河马光影上色。

按照参考图的光影来进行上色。首先进行河马身体左侧部加亮，用吸管工具吸取参考图上的亮部颜色，用画笔工具调节画笔光圈大小，可参考图5-22所示进行设置，红色光圈大小为800像素，硬度为0%，反复应用吸管工具吸取对应绿色，调节画笔大小后在底部、左右两侧和右上方进行加深，如图5-23所示。

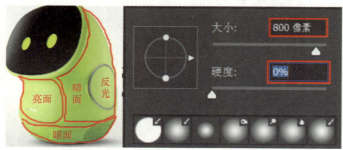

图5-22 画笔大小硬度设置

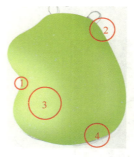

图5-23 画笔光影上色

步骤6：绘制河马底壳。

先单击图层2上的眼睛图标，隐藏图层2，用钢笔工具勾画图5-24所示的底部路径形状，并按<Ctrl+Enter>键将其转化为选区，再次单击图层2上的眼睛图标，显示图层2，按<Ctrl+C>和<Ctrl+V>键，复制图层3，然后用键盘上的方向键调整位置，按<Ctrl+M>键移动红框中的节点进行加深，完成后如图5-25所示。

按<Ctrl>键，单击图层3，重新建立选区，新建图层4，然后单击编辑→描边命令，设置宽度为8像素，颜色为深绿色，按<Ctrl+D>键取消选区，如图5-26所示，然后用橡皮工具擦除多余线条，并上移露出浅绿色底色，如图5-27所示。

图 5-24　底部路径形状　　　　　　　图 5-25　底部光影　　　　　　　图 5-26　底部描边

步骤7：绘制河马的手。

再次隐藏图层2，用钢笔工具勾画图5-28所示的手部路径形状，并按<Ctrl+Enter>键将其转化为选区，再显示图层2，然后新建图层5，选择吸管吸取底壳深绿色进行填色，如图5-28所示。

用画笔工具绘制亮部和反光部分颜色（在画笔工具模式下按<Alt>键可切换为吸管命令），特别注意手部顶部颜色与外围颜色要一致，如图5-29所示，最后进行高斯模糊处理，选择菜单命令"滤镜"→"模糊"→"高斯模糊"，设置半径为3像素，最终效果如图5-30所示。

图 5-27　分型线

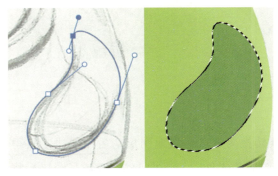  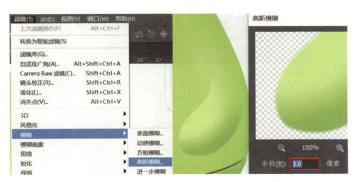

图 5-28　手部勾画填色　　　　　图 5-29　手部上色　　　　　　图 5-30　手部高斯模糊

步骤8：绘制河马头部分型线。

再次隐藏图层2，用钢笔工具绘制头部曲线路径，按<Ctrl+Enter>键将其转化为选区，如图5-31所示，然后新建图层6进行描边，设置宽度为8像素，颜色为深绿色，取消选区后用橡皮擦除左上方多余线条，如图5-32所示。

按住图层6，将其拖至新建图层的图标上，得到"图层6拷贝"，如图5-33所示，按<Ctrl+M>键调亮图层，如图5-34所示，并将图层移动到图层6下方，形成头部分型线，如图5-35所示。

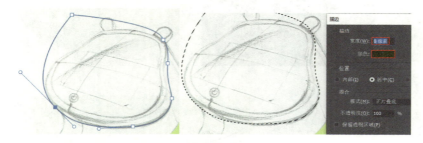

图5-31　头部选区创建

图5-32　头部分型线描边

图5-33　复制图层6

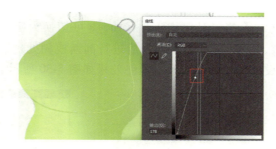

图5-34　头部浅色分型线

图5-35　头部分型线

步骤9：绘制河马身体分型线。

以同样的方法绘制河马身体分型线。用钢笔工具建立路径，然后按<Ctrl+Enter>键将其转换为选区，新建图层7后用描边工具得到深绿色线条，用橡皮工具擦除左边多余线条，如图5-36所示，复制"图层7"后得到"图层7拷贝"，按<Ctrl+M>键调亮图层后将"图层7拷贝"移至"图层7"下方的右侧，如图5-37所示。

步骤10：绘制河马头部光影。

用钢笔工具 勾画出图5-38所示的头部路径，按<Ctrl+Enter>键将其转化为选区，然后新建图层8，并用画笔工具 在右下角绘制图5-39所示的边缘深绿色，但在图中2个红圈处的绿色超出了河马头部边缘外，可以用橡皮擦除。

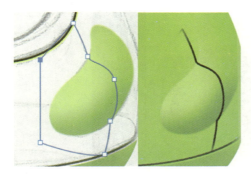
图5-36　身体分型线

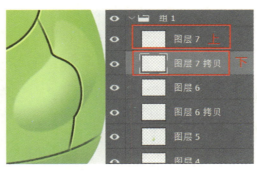
图5-37　完成身体分型线

图5-38　头部路径

新建图层9，继续用钢笔工具 绘制图5-40所示的头部明暗交界线路径，将其转化为选区，然后用吸管工具吸取深绿色，按<Shift+F5>键填充上色，并进行高斯模糊处理，设置半径为20像素，效果如图5-41所示。

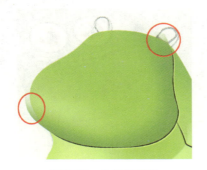
图5-39　边缘深绿色

图5-40　头部明暗交界线路径

图5-41　高斯模糊交界线

步骤11：绘制河马脸部光影。

隐藏图层2、8和9，用钢笔工具 建立图5-42所示的脸部路径，注意左上和右下路径与草图稍有调整收缩，按<Ctrl+Enter>键将其转化为选区，新建图层10，然后填充深灰色脸部光影。用画笔工具 单击颜色选框内的深黑色，绘制图5-43所示的脸部深色光影效果图。

按<Ctrl>键，并单击图层 10 建立选区，选择菜单命令"选择"→"修改"→"收缩"，收缩为 10 像素。新建图层 11，设置宽度为 5 像素，如图 5-44 所示。用橡皮工具（设置不透明度为 50%）擦淡左上角多余的边，效果如图 5-45 所示，将素材表情图片直接拖入河马脸部，并调整大小，如图 5-46 所示。

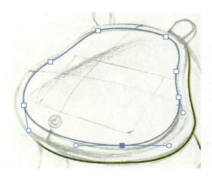

图 5-42 脸部路径

图 5-43 脸部深色光影效果图

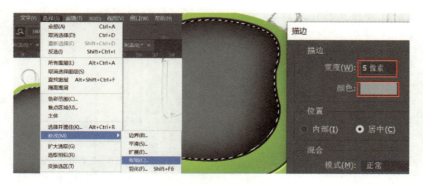

图 5-44 脸部浅灰色描边

图 5-45 脸部浅色描边

图 5-46 脸部表情

步骤 12：河马脸部高光。

用钢笔工具 建立图 5-47 所示的脸部高光路径，按<Ctrl+Enter>键将其转化为选区，单击图层 10 深灰色脸部光影，然后按<Ctrl+C>键和<Ctrl+V>键，复制图层 12，按住<Ctrl+M>键，在弹出的菜单中拉高明暗控制点，并将图层参数"不透明度"设置为 50，效果如图 5-48 所示，在图层 12 上继续用钢笔工具绘制高光路径并将其转化为选区，然后填充颜色，用橡皮擦除部分填充色，脸部高光效果如图 5-49 所示。

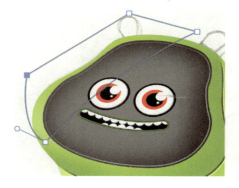
图 5-47　脸部高光路径

图 5-48　脸部高光

图 5-49　脸部高光效果

步骤 13：河马耳朵光影。

在图层 2 下方新建图层 13，用钢笔工具勾画耳朵形状路径，将其转化为图 5-50 所示的耳朵选区，然后用吸管工具吸取绿色，在图层 13 中进行填充，复制图层 13，按<Ctrl+M>键调亮"图层 13 拷贝"的颜色，并用矩形选框工具框选右耳朵，按<Ctrl+T>键将其缩小至如图 5-51 所示，按<Enter>键完成，按<Ctrl+D>键结束。同理，完成左耳朵光影，效果如图 5-52 所示。

图 5-50　耳朵选区

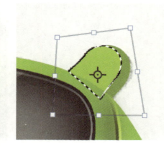
图 5-51　右耳朵亮部选区

图 5-52　左耳朵光影效果

步骤 14：喇叭光影。

新建组 2 并在里面新建图层 14，用椭圆选框工具○绘制一个椭圆后填充深绿色，再绘制一个椭圆，填充深黑色，如图 5-53 所示，并将此喇叭孔复制后排列为如图 5-54 所示。

 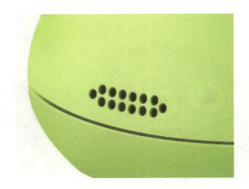

图 5-53　一个喇叭孔　　　　　　　　　　　　　　　图 5-54　喇叭孔

步骤 15：创建开关。

将开关图片拖入喇叭上方，按<Ctrl+T>键，将开关调整为椭圆形并旋转一定角度，如图 5-55 所示，将此开关图层模式设置为"滤色"，则变成具有如图 5-56 所示的发光按键效果。按<Ctrl>键并单击开关图层，用椭圆选框工具 设置选区合并选项，如图 5-57 所示。依次选择菜单命令"选择"→"修改"→"扩展"，并设置 3 像素，新建图层 14，打开描边工具，设置宽度为 2 像素，颜色为深灰色，完成开关分型线的绘制，然后复制图层 14 的开关分型线，调整亮度后通过缩放移动，形成带有高光的开关分型线，如图 5-58 所示。

图 5-55　开关　　　　　　　　　　　　　　　　图 5-56　发光按键效果

第5章 产品Photoshop数字化表现

图 5-57 合并选区

图 5-58 发光按键效果

步骤 16：河马投影。

新建图层 15 并将其放置在组 1 下方，用椭圆选框工具 绘制一个椭圆后填充灰色，对投影进行高斯模糊处理，设置半径为 50 像素，如图 5-59 所示。最后将草图和参考图的图层隐藏，最终完成效果如图 5-60 所示。依此方法可以完成其他草图中的视角，读者可自行完成。

图 5-59 模糊投影

图 5-60 河马光影效果

小结

本节主要介绍了用 Photoshop 软件绘制儿童刷牙提醒器产品的光影表现过程，重点要理解光影色彩（可借鉴"参考图"上的光影，用于草图线稿光影的表现），并熟悉应用 Photoshop 软件中的画笔、钢笔等工具表现产品形体的光影材质和细节的方法。

【测一测】

实操题

根据图 5-61 所示的兔子儿童刷牙提醒器产品效果图，完成作业练习，注意颜色和光影的准确表现，以及质感的表达。

图 5-61　兔子儿童刷牙提醒器

5.3　灭菌器 Photoshop 表现

5.3.1　项目设计诉求

1. 产品简述

干雾过氧化氢灭菌器的工作原理是利用低速液体泵连续定量供给消毒液，由超高速风机提供高动能载气，当微量的液体以低速进入喷嘴后遇到高速载气时，产生强力的碰撞而粉碎，实现离心式旋转后达到亚微米级雾化效果，再经过超高速风机将亚微米颗粒输送至远端扩散至整个空间，从而实现高效灭菌。

2. 产品技术参数

该产品的灭菌体积为 20～300m³，消毒液容量为 3.5L，体积为 360mm×360mm×400mm，带有屏幕，产品两侧为暗把手，方便搬运，底部装有四个万向轮，顶部为可拆卸的喷头以及一个加液口。

3. 设计要求

干雾过氧化氢灭菌器的设计要求采用钣金底板和吸塑主壳工艺，内部增加金属支撑部件，并调整显示屏的位置角度，提高操作合理性。产品整体造型要求简洁、饱满，不生硬、机械、单调，配色和层次丰富，在人机使用上强化大屏幕和操作角度的便利性，顶端的圆柱雾化柱子需要凸显产品功能本身，雾化的角度可调节，喷射范围和高度应合理，同时需要考虑模块化可组合式设计。

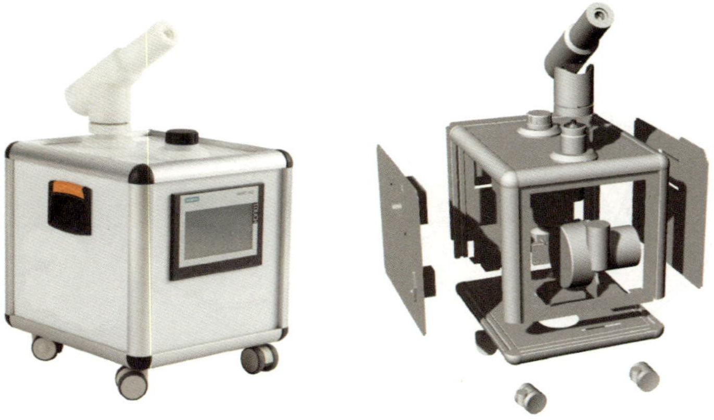

5.3.2 项目设计过程

1. 设计构思

在现有产品（见图 5-62）方案的基础上进行设计，产品主机模块采用吸塑工艺的外形，机箱储液柜采用钣金折弯焊接工艺，不采用冲压成形。外观需要有进风口、散热口。采用快插接头从外部抽液代替现有产品的手动进液口。

前期调研从小家电产品、厨房电器产品等入手，寻找设计的参考点，以及配色上的搭配关系，具体如图 5-63 所示，然后展开前期的草图设计，围绕流线型、渐消面和多层次等方向展开设计构思。

图 5-62　灭菌器

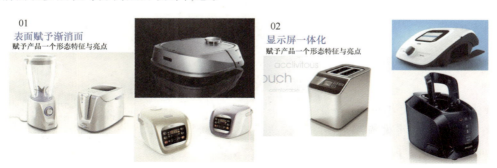

图 5-63　参考意向图

2. 草图构思

在调研资料的基础上展开草图设计,最后完成了四款草图方案,如图 5-64 所示,并与公司技术人员进行了方案的探讨、修改和最终的选定。

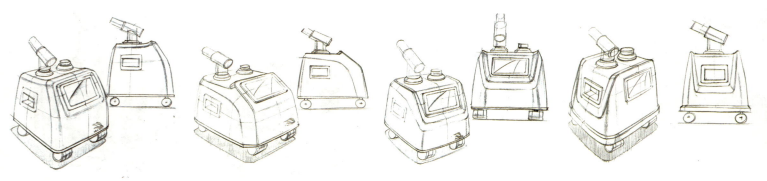

图 5-64 草图方案

3. Photoshop 草图效果

通过 Photoshop 软件将产品草图上色,将不同造型草图按不同的光影方向和材质颜色进行表现,侧重大的体块形体的准确表达以及细节特征的精致表现,最后完成的效果图如图 5-65 所示。

5.3.3 灭菌器 Photoshop 效果图表现

步骤 1:新建文件导入素材。

打开 Photoshop 软件,新建一个 A4 大小的文件,命名为灭菌器,如图 5-66 所示,然后将灭菌器草图 A 和参考图拖入 Photoshop 软件的文件中,按 <Ctrl+T> 键对图片进行缩放、调整,如图 5-67 所示。

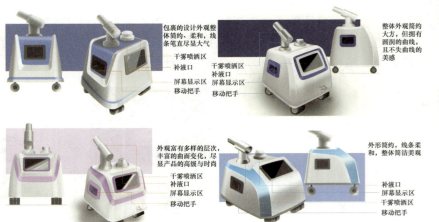

图 5-65 二维上色效果图

步骤2：分析形体光影。

先分析参考图上的光影关系，整体为一个圆柱体经过切割后形成的一个多层次复杂形体，主光源从右侧而来，整体为浅灰色，右侧部分为亮面，顶面为灰面，左侧为暗面带反光。灭菌器草图可以按照参考图的颜色和光影关系进行上色。此灭菌器为方体切割形体形成的多层次造型，大致光影设置为右侧亮面（顶面浅灰色、屏幕处为亮面，下面为灰面），左侧为暗面带反光，如图5-68所示。

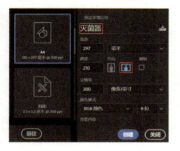  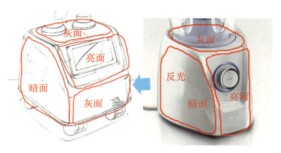

图5-66　创建灭菌器文件　　　　　图5-67　草图布局　　　　　　　图5-68　光影分析

步骤3：创建主体光影。

创建新组，名称为"组1"，并在它里面创建新图层1，在图层1上用钢笔工具绘制曲线路径，按住<Ctrl>键移动节点，按<Alt>键拖动节点调节曲线（绘制时用放大镜进行缩放，按<Space>键移动画面），最终完成图5-69所示的路径曲线。按<Ctrl+Enter>键将曲线转化为选区，然后选取参考图上亮面的颜色，吸取后按住<Shift+F5>键进行上色，如图5-70所示，接着选择画笔工具，颜色设置和光圈大小设置可参考图5-71所示的红圈大小，硬度为0%，进行亮面、暗面和高光的上色（按住<Shift>键单击画笔可以画出直线），如图5-71所示。

图5-69　路径曲线　　　　　　　图5-70　主体填色　　　　　　　图5-71　光圈及光影

步骤4：创建顶面光影。

单击图层1上的眼睛图标 ，隐藏图层1，用钢笔工具 勾画图5-72所示的路径形状，并按<Ctrl+Enter>键将其转化为选区，再次单击图层1上的眼睛，显示图层1，用此选区复制出图层2（按<Ctrl+C>和<Ctrl+V>键，复制图层2），然后用键盘上的方向键调整好位置，按<Ctrl>键并单击图层2，重新建立选区后，用图层2的选区删除图层1的部分，如图5-73所示，再单击画笔工具 ，颜色设置和光圈大小设置可参考图5-74所示红圈大小，硬度为0%，进行顶面浅灰色、屏幕面亮色和转折高光的上色（这里需要反复隐藏、显示图层1和2，观察线框草图面的转折位置，思考画笔光圈大小，以及顶面和屏幕面的颜色深浅渐变关系）。

 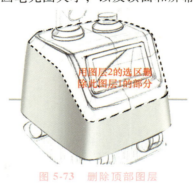 

图 5-72　路径形状　　　　　　　图 5-73　删除顶部图层　　　　　　　图 5-74　顶部光影

步骤5：创建倒切角层次光影。

首先分析光影，设定的光从右侧照射，此处有蓝色框转角面和红色框转角面的复杂光影，如图5-75所示，所以特别需要注意颜色深浅的变化。

隐藏图层1和图层2，用钢笔工具 勾画图5-76所示的路径形状，并按<Ctrl+Enter>键将其转化为选区，再单击图层2上的眼睛图标，显示图层2，按<Ctrl+C>和<Ctrl+V>键，复制图层3，然后用键盘上的方向键调整好位置，按<Ctrl>键并单击图层2，重新建立选区后，按<Delete>键删除图层2颜色，露出底部线稿，如图5-77所示，根据草图线稿转折位置和光影分析进行上色，再用画笔工具 设置好颜色和光圈大小后可进行上色，如图5-77所示，然后用图层3选区删除图层2的多余部分，只保留切面部分，如图5-78所示。

步骤6：再次创建倒切角层次光影。

隐藏图层3，参考草图用钢笔工具 勾画路径，再显示图层3，然后做适当调整，最终路径形状如图5-79所示，按<Ctrl+Enter>键将其转化为选区，选中图层3后按<Ctrl+C>和<Ctrl+V>键，复制图层4，然后用键盘上的方向键调整好位置。按<Ctrl>键并单击图层3，重新建立选区后，按<Delete>键删除颜色，露出底部线稿，如图5-80所示，根据草图线稿转折位置和光影分析进行上色，用画笔工具 设置好颜色和光圈大小后进行上色，如图5-81所示。

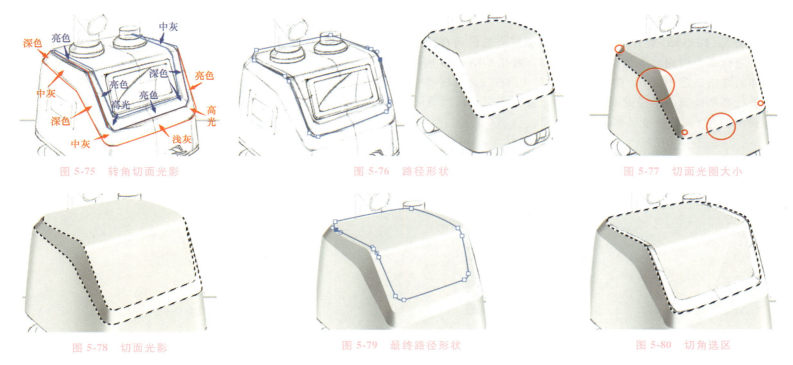

图 5-75 转角切面光影　　图 5-76 路径形状　　图 5-77 切面光圈大小

图 5-78 切面光影　　图 5-79 最终路径形状　　图 5-80 切角选区

最后对所有图层的颜色进行观察、调整，注意不同面之间的色彩深浅，特别是暗部、明暗交界线之间的色彩对比。完成效果如图 5-82 所示。

图 5-81 切角光影

图 5-82 切面光影层次

步骤 7：添加高光细节。

新建图层 5，按<Ctrl>键并单击图层 3，重新建立选区后在图层 5 上进行描边，设置宽度为 5 像素、白色，位置选择内部，如图 5-83 所示，然后进行高斯模糊，半径设置为 2 像素，效果如图 5-84 所示。

以同样的方法新建图层 6，按<Ctrl>键并单击图层 2，重新建立选区后在图层 6 上进行描边，注意描边的颜色为浅灰色，如图 5-85 所示，然后进行高斯模糊，半径设置为 2 像素，并将图层 6 移到图层 5 下面，再用橡皮对图层 6 上的暗部线条进行擦除（可设置不透明度为 50%，擦淡颜色），最终效果如图 5-86 所示。

图 5-83　切面描边

图 5-84　切面高光

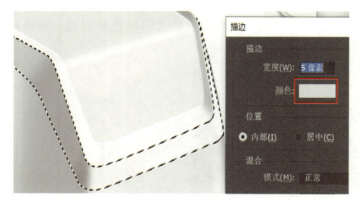

图 5-85　切面描边

图 5-86　切面高光

步骤 8：绘制底壳光影。

单击矩形选框工具![img], 再按<Ctrl>键并单击图层1，重新建立选区后，按键盘中的"向上箭头"上移选区至图 5-87 所示选区位置，然后选择菜单命令"选择"→"反选"，按<Ctrl+C>和<Ctrl+V>键，复制图层 7，再按<Ctrl+M>键调深图层 7 底壳的颜色，并调整至底壳位置，如图 5-88 所示。

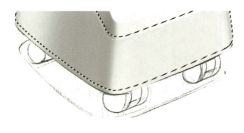

图 5-87　选区

图 5-88　底壳

步骤 9：创建屏幕光影。

创建新组，名称为"组 2"，并在它里面创建新图层 8，在图层 8 上用圆角矩形工具![img]在顶部菜单栏上设置半径为 20 像素，绘制图 5-89 所示的圆角矩形路径，按<Ctrl+T>键将其调整为如图 5-90 所示的矩形路径形状（按<Ctrl>键对每个控制点进行调整，使其符合视觉透视效果），然后按<Ctrl+Enter>键将曲线转化为选区，选取深灰色后按住<Shift+F5>键在图层 8 上进行图 5-91 所示的屏幕填色，接着选中图层 8 并右击，使用"混合选项"命令设置斜面和浮雕、描边，具体参照图 5-92 设置参数，完成后如图 5-93 所示，在图层 8 上右击，在弹出的菜单中选中"栅格化图层样式"命令，将它转变为普通图片。

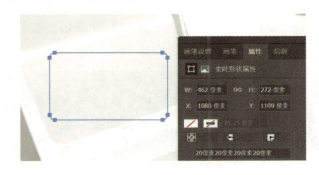

图 5-89　圆角矩形路径

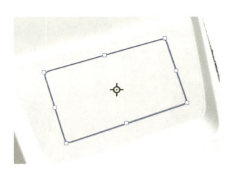

图 5-90　矩形路径形状

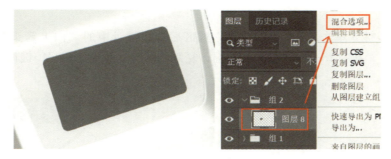

图 5-91　屏幕填色

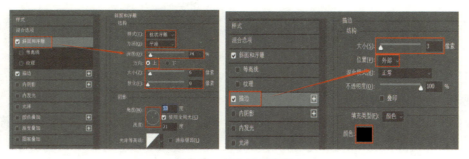

图 5-92　混合选项参数

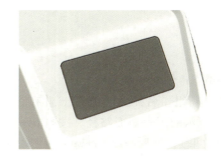

图 5-93　屏幕浮雕描边效果

再新建图层 9，单击矩形工具 ▢，按 <Ctrl+T> 键将其调整成如图 5-94 所示的矩形路径，按 <Ctrl+Enter> 键将曲线转化为选区后，在图层 9 上进行上色，选择渐变工具 ▢，单击红线框中的渐变区域 ▢，在色条上添加色块，如图 5-95 所示，确定后，在屏幕选区中进行拖动设置，注意方向和比例范围大小，最后效果如图 5-96 所示。

图 5-94　矩形路径

图 5-95　色块光影

步骤10：创建把手光影。

以同样的方法创建新组，名称为"组3"并在它里面创建新图层10，在图层10上用圆角矩形工具◯在顶部菜单栏中设置半径为20像素，绘制如图5-97所示的圆角矩形路径，按<Ctrl+T>键调整矩形路径形状（按<Ctrl>键对每个控制点进行调整，使其符合视觉透视效果），按<Ctrl+Enter>键将曲线转化为选区后，选取深灰色，然后按住<Shift+F5>键进行填色，如图5-98所示，接着选中图层10并右击，使用"混合选项"命令设置斜面和浮雕、描边，如图5-99所示，完成后效果如图5-100所示。

图5-96　屏幕光影

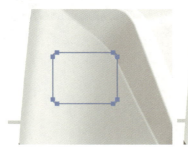  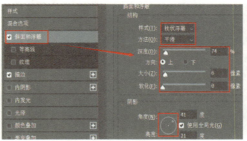 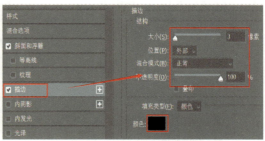

图5-97　圆角矩形路径　　　　图5-98　填色　　　　　　　图5-99　斜面和浮雕及描边参数

再新建图层11，继续绘制内部凹陷把手效果，用圆角矩形工具◯在顶部菜单栏中设置半径为10像素，绘制如图5-101所示的圆角矩形路径，按<Ctrl+T>键调整矩形路径形状（按<Ctrl>键对每个控制点进行调整，使其符合视觉透视效果），按<Ctrl+Enter>键将曲线转化为选区后，在图层11上选取深灰色，然后按住<Shift+F5>键进行填色，如图5-102所示。

接着用画笔工具✏进行颜色和光圈大小设置，可参考图5-103所示进行上色，然后选中图层10，按<Delete>键删除颜色，边缘出现如图5-104所示的高光效果（因为图层10做了斜面和浮雕效果）。

步骤11：创建喷头不锈钢光影。

创建新组，名称为"组4"，并在它里面创建新图层12，在图层12上用钢笔工具✒勾画路径，参考草图并进行调整后的路径曲线如图5-105所示，按<Ctrl+Enter>键将曲线转化为选区后，选取深灰色，然后按住<Shift+F5>键进行填色，如图5-106所示，接着选择画笔工具✏，按住<Shift>键进行金属光影上色，如图5-107所示。

   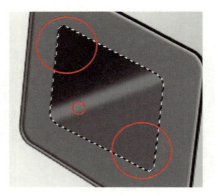

图 5-100　侧面光影　　　　图 5-101　圆角矩形路径　　　　图 5-102　填色　　　　图 5-103　凹陷光影

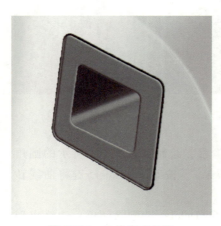 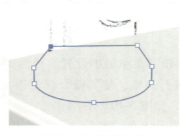 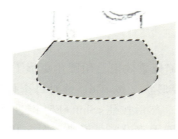 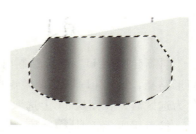

图 5-104　边缘高光效果　　　　图 5-105　路径曲线　　　　图 5-106　填色　　　　图 5-107　金属光影上色

用矩形选框工具垂直移动选框至图 5-108 所示的选区位置，按<Ctrl+C>和<Ctrl+V>键，复制图层 13，调整好位置后进行光影上色，再使用画笔工具不断调整光圈大小和颜色，如图 5-109 所示。

新建图层 14，然后用矩形工具绘制矩形，再选择钢笔工具绘制路径节点，并将其调整至图 5-110 所示的路径曲线，待转为选区后进行上色，应用画笔工具，不断调整光圈大小和颜色，如图 5-111 所示。

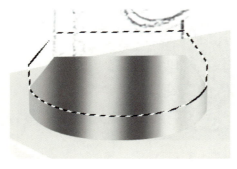 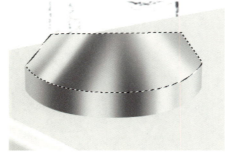  

图 5-108　选区位置　　　　　图 5-109　金属光影效果　　　　　图 5-110　路径曲线　　　　　图 5-111　金属光影效果

再新建图层 15，然后用矩形工具绘制矩形，再选择钢笔工具 在原有路径上添加节点，并调整至图 5-112 所示的路径曲线，待转为选区后进行上色，应用画笔工具 ，不断调整光圈大小和颜色，如图 5-113 所示，然后复制图层 15，进行缩放、移动和颜色调浅处理至如图 5-114 所示的金属管位置。选择椭圆工具 画出椭圆路径，然后按<Ctrl+T>键，将路径曲线进行旋转、移动和缩放调整至如图 5-115 所示的椭圆路径，再新建图层 16，按住<Ctrl+Enter>键将其转化为选区后用画笔工具 绘制如图 5-116 所示椭圆金属光影效果，并进行描边处理，宽度设置为 5 像素，颜色为中灰，位置选择内部。

图 5-112　路径曲线　　　　　　　　图 5-113　金属光影效果　　　　　　　　图 5-114　金属管

接着绘制底部分型线黑边，将"图层 12"拖至新建图层并复制图层 12，在这个图层上进行描边，设置宽度为 5 像素，颜色为深黑色，位置选择居外，得到图 5-117 所示的描边效果，再用橡皮擦除上方不要的黑边，效果如图 5-118 所示。

图 5-115 椭圆路径

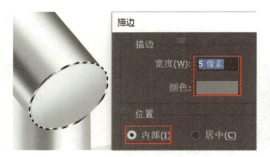

图 5-116 椭圆金属光影效果

图 5-117 黑色描边

图 5-118 黑色底边效果

步骤 12：创建旋钮不锈钢光影。

旋钮效果与喷头类似，因此将"组 4"拖至新组上，复制一个新图层"组 4 拷贝"，并将其移动至图 5-119 所示的位置，打开"组 4 拷贝"文件夹，将里面的"图层 15"和"图层 15 拷贝"删除，将图层 16 椭圆光影旋转放置，如图 5-120 所示，并将图层 14 上部光影效果删除，并对"组 4 拷贝"进行整体缩小处理，使其符合透视视觉效果。

图 5-119 位置

图 5-120 椭圆顶面效果

步骤13：创建滚轮光影。

在图层"组1"下方新建"组5"，并在组内新建"图层17"，然后按<Ctrl+T>键，进行旋转移动和缩放，将其调整至图5-121所示的矩形路径，然后按<Enter>键将其转为常规路径，应用钢笔工具 添加节点，并调整至图5-122所示的弧形路径曲线，将其转为选区并进行上色，再用画笔工具 不断调整光圈大小和颜色，如图5-123所示。

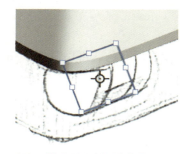 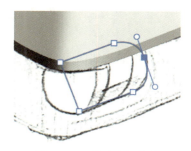 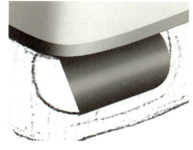

图5-121　矩形路径　　　　　　　图5-122　弧形路径曲线　　　　　　　图5-123　滚轮光影

再绘制椭圆截面，应用椭圆工具 画出椭圆路径，然后按<Ctrl+T>键，进行旋转移动和缩放，将其调整至图5-124所示的椭圆路径，然后新建"图层18"，按住<Ctrl+Enter>键将其转化为选区后用画笔工具 绘制如图5-125所示的深色椭圆光影，复制"图层18拷贝"并缩放后，调整亮度，得到图5-126所示的滚轮光影效果图。

图5-124　椭圆路径　　　　　　　图5-125　深色椭圆光影　　　　　　　图5-126　滚轮光影效果

继续绘制滚轮的分型线，按<Ctrl>键并单击图层18建立选区，将其移动至图5-127所示的椭圆位置，然后新建图层19并进行描边处理，再用橡皮擦除多余线条。复制图层19，得到"图层19拷贝"图层，移动位置后得到图5-128所示的滚轮效果。最后复制滚轮"组5"图层，得到"组5拷贝"和"组5拷贝2"两个新图层，并将其移动至如图5-129所示的滚轮位置，结束滚轮的绘制。

图 5-127　椭圆位置　　　　　图 5-128　滚轮效果　　　　　图 5-129　滚轮位置

步骤 14：创建投影和背景光影。

最后创建投影效果。首先用钢笔工具 绘制路径曲线并调整至如图 5-130 所示，将其转化为选区后进行上色，再用高斯模糊工具设置半径为 60 像素，进行高斯模糊处理，如图 5-131 所示。

图 5-130　投影路径　　　　　　　　　　　　图 5-131　模糊投影效果

然后新建图层 21，绘制背景色，用钢笔工具 绘制路径曲线并转化选区后，用蓝色背景填充上色，如图 5-132 所示，再采用画笔工具 不断调整光圈大小和颜色，如图 5-133 所示，最终产品的效果图如图 5-134 所示。

图 5-132　蓝色背景选区　　　　　　　　　　图 5-133　蓝色背景效果

将草图的图层移动并放置在图层最顶层，设置"正片叠底"模式，得到图 5-135 所示的草图效果图，可将草图用橡皮擦除（需要将草图图片进行栅格化处理），最终得到图 5-136 所示的草图二维效果图。

图 5-135　草图效果图

图 5-134　产品最终效果图

图 5-136　草图二维效果图

🔖 小结

本节主要介绍了用 Photoshop 软件绘制灭菌器产品的光影表现过程，重点要理解光影分布，尤其是浅色产品的明暗对比，并能熟练应用软件命令表现产品材质效果。

【测一测】

实操题

根据图 5-137 所示的灭菌器二维效果图，完成作业练习，注意颜色和光影的准确表现，以及质感的表达。

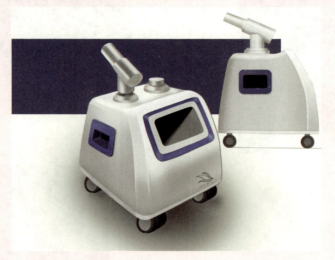

图 5-137　灭菌器二维效果图

5.4　透明水壶 Photoshop 表现

本案例开始侧重于表现二维产品效果的材质和肌理，注重对产品的真实质感、颜色和肌理表现。

本案例选择玻璃水壶作为表现对象。该案例材质类型丰富，涉及玻璃壶身、电镀把手、高亮漆等材质类型，以及开水泡、蒸汽等 Photoshop 画笔笔刷素材应用，表现起来步骤较多，所以在做之前要知道想要达到的表现效果，具体操作步骤如下所述。

5.4.1 玻璃水壶各部件分件色块创建

步骤1：首先建立一个大小为 21cm×29.7cm、分辨率为 300dpi 的新文件。将玻璃水壶素材复制到新建文件建立的背景图层中，在背景图层上用钢笔工具创建一个水壶轮廓路径，如图 5-138 所示。

步骤2：将路径转化为选区（按<Ctrl+Enter>键），如图 5-139 所示，在图层面板中新建图层 1，再将生成的选区填充前景色（按<Alt+Delete>键）到图层 1 为色块，然后取消选区（按<Ctrl+D>键），如图 5-140 所示。

图 5-138　水壶轮廓创建

图 5-139　转化选区

图 5-140　填充选区

步骤3：利用绘制好的大轮廓色块，应用钢笔工具创建水壶各部件轮廓（见图 5-141），将路径转化为选区（按<Ctrl+Enter>键）（见图 5-142），选中主体色块图层 1 剪切图层（按<Ctrl+J>键），分离出水壶各个部件色块。使用色相饱和度工具（按<Ctrl+U>键）对分件色块进行颜色更换，使其与主体色块进行色彩区分，如图 5-143 所示。

图 5-141　壶盖轮廓创建

图 5-142　路径转化为选区

图 5-143　设置色块

步骤 4：重复用钢笔工具创建部件轮廓，将路径转化为选区（按<Ctrl+Enter>键），剪切（按<Ctrl+J>键）对应图层，完成所有部件分块，如图 5-144 所示。

5.4.2 玻璃水壶各部件光影表现

画笔工具应用为：画笔笔触大小调节：按"["、"]"键；画笔工具转换成吸管工具：在画笔状态下按住<Alt>键；画笔画直线：在画笔状态下按住<Shift>键同时按住鼠标左键直线移动鼠标；按数字键可以改变画笔颜色的不透明度。

步骤 1：水壶上盖光影表现。使用移动工具快捷键<V>，关闭自动选择模式，如图 5-145 所示，选中对应色块图层。在图层面板中选中锁定透明像素，如图 5-146 所示。利用画笔工具快捷键<B>绘制上盖主体光影效果，这里可以利用色块自身的选区来约束各光影层次的区域，操作为：首先按住<Ctrl>键并单击上盖色块对应图层调出对应选区，然后使用画笔上色来调整各光影层次的大小、明暗关系（见图 5-147、图 5-148）。

图 5-144 各部件分块

图 5-145 移动工具

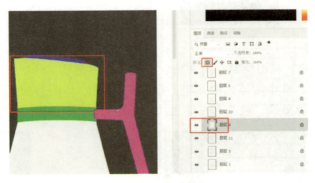

图 5-146 选中壶盖对应图层

步骤 2：利用画笔工具快捷键<B>、描边工具对水壶上盖色块光影进行细化完善，画笔工具为柔边圆模式，效果如图 5-149 所示。

步骤 3：水壶上盖电镀环光影表现。金属、电镀等高亮材质表现的特点：明暗对比反差大，色块明确、过渡生硬，边缘清晰，产生白色高光或深黑色块。

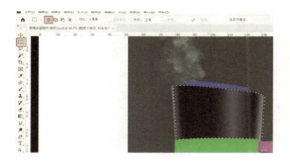
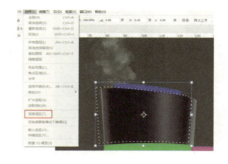

图 5-147　调出选区　　　　　图 5-148　变换选区　　　　　图 5-149　画笔上色

使用上盖光影绘制方法，完成电镀环的光影关系绘制。利用钢笔路径工具创建细节色块，强化高光、反光的层次关系。用钢笔工具绘制细节色块轮廓，将路径转化为选区（按<Ctrl+Enter>键），剪切对应图层（按<Ctrl+J>键），锁住透明像素，填充前景色灰色（按<Alt+Delete>键），利用高斯模糊进行边界处理（见图 5-150）。

图 5-150　电镀环效果

步骤4：水壶盖体电镀把手光影表现。首先采用绘制电镀环的方法绘制把手的主体光影关系，可以利用色块自身的选区来约束各光影层次的区域。首先按住<Ctrl>键并单击把手色块对应图层调出对应选区，利用调出的选区来约束笔刷上色范围，使用画笔工具刷出各光影关系。使用钢笔工具绘制细节色块轮廓，将路径转化为选区（按<Ctrl+Enter>键），剪切对应图层（按<Ctrl+J>键），锁住透明像素，填充前景色灰色（按<Alt+Delete>键），利用高斯模糊进行边界处理（见图 5-151）。

步骤5：利用画笔工具快捷键<B>、描边工具对把手光影进行细化完善，画笔工具为柔边圆模式。复制绘制好的把手图层，使用变换工具快捷键<Ctrl+T>水平翻转、变形等调整复制的图层，制作把手倒影效果，利用高斯模糊进行边界处理，如图 5-152、图 5-153 所示。

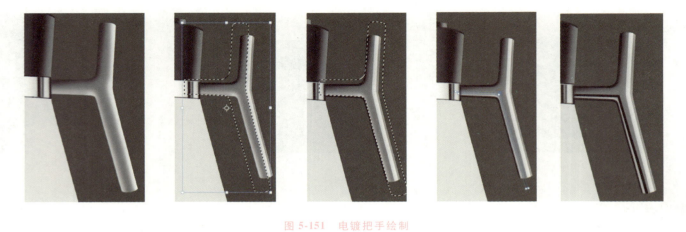

图 5-151　电镀把手绘制

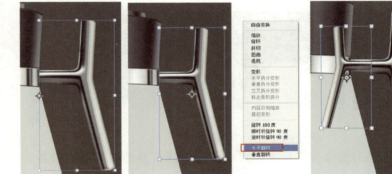

图 5-152　电镀把手绘制倒影

图 5-153　电镀把手绘制整体效果

步骤6：玻璃壶体光影表现。首先使用画笔绘制玻璃壶体主体光影，图层不透明度为40%（见图5-154），再使用钢笔路径、选区工具创建新图层色块，绘制玻璃材质高光、反光的光影效果。具体操作为，用钢笔工具绘制细节色块轮廓，将路径转化为选区（按<Ctrl+Enter>键），剪切对应图层（按<Ctrl+J>键），锁住透明像素，填充前景色灰色（按<Alt+Delete>键），利用高斯模糊进行边界处理（见

图 5-155)。表现光影时应随时关注光影关系的正确性和光影关系的过渡，培养自己对产品光影效果的感觉（根据需要调整笔刷的大小和透明度）。在这一步，需注意整体产品设计绘制在画面中的明暗过渡。

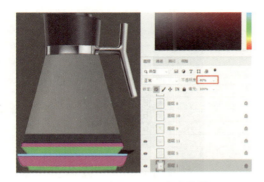

图 5-154　图层不透明度设置　　　　　　　　　　　　　图 5-155　玻璃壶体效果

步骤 7：玻璃壶体背景元素创建。开水泡、蒸汽等素材元素的应用我们可以使用 Photoshop 软件的"画笔预设→设置→导入画笔"功能，将 Photoshop 软件外部画笔笔刷素材载入 Photoshop 软件中（见图 5-156），为产品表现提高效果真实度。具体操作为，首先从网络上下载符合设计所需的开水泡、蒸汽笔刷素材，然后使用"画笔预设→设置→导入画笔"功能导入所需笔刷素材。

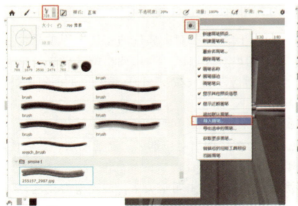

图 5-156　画笔预设设置

步骤8：打开画笔预设，选择载入的笔刷素材，这时画笔刷变为开水泡或蒸汽的形状。新建空白图层，选好前景色，单击在图层上创建开水泡画笔（见图5-157）。使用变换、画笔、图层蒙板（在蒙板上刷黑色为遮盖图层，刷白色为显示图层）等工具编辑、细化创建的素材效果，如图5-158所示。

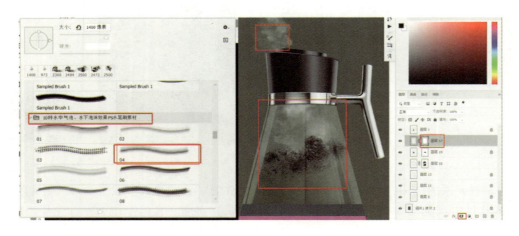

图 5-157　笔刷素材　　　　　　　　　　　　　　　　图 5-158　素材合成效果

步骤9：玻璃壶体底部金属件、黑色塑料件光影表现。首先按绘制电镀环的方法绘制金属件的主体光影关系，可以利用色块自身的选区来约束各光影层次的区域。首先按住<Ctrl>键并单击上盖色块对应图层调出对应选区，利用调出的选区来约束笔刷上色范围。使用钢笔工具绘制细节色块轮廓，将路径转化为选区（按<Ctrl+Enter>键），剪切对应图层（按<Ctrl+J>键），锁住透明像素，填充前景色灰色（按<Alt+Delete>键），利用高斯模糊进行边界处理（见图5-159）。

步骤10：玻璃壶底托光影表现。利用画笔、高斯模糊工具，制作底托色块大体光影（见图5-160）。

步骤11：利用描边工具制作底托边缘，按住<Ctrl>键并单击底托色块对应图层调出对应选区，新建图层，然后使用描边工具（注意：每次使用描边工具前先新建图层）设置描边宽度为10像素、位置选择内部（见图5-161）。

步骤12：描边色块上色。使用高斯模糊设置色块边界过滤关系，使用画笔工具刷出明暗关系，迎光面为亮色，背光面为暗色（使用高斯模糊时不能锁住被模糊图层的透明像素，并调出大色块的选区，以保证不会模糊到大轮廓外）。在这一步，需注意分模线在画面中的明暗过渡。最终效果如图5-162所示。

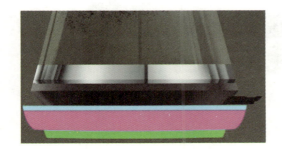
图 5-159　壶底色块

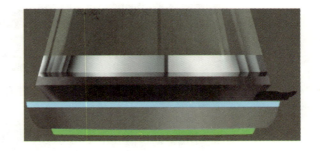
图 5-160　底托色块大体光影

图 5-161　底托轮廓描边

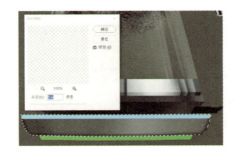

图 5-162　描边上色

步骤13：用钢笔工具绘制高光、反光色块轮廓。将路径转化为选区（按<Ctrl+Enter>键），剪切对应图层（按<Ctrl+J>键），锁住透明像素，填充前景色（按<Alt+Delete>键），得到灰白色色块，用画笔刷出明暗关系，利用蒙板和高斯模糊设置色块边界过渡关系（见图5-163，根据需要调整笔刷的大小和透明度）。用同样的方法，完成底托其他部件的光影，需注意整体产品绘制在画面中的明暗过渡，最终效果如图5-164所示。

步骤14：使用色相/饱和度工具快捷键<Ctrl+U>、曲线工具快捷键<Ctrl+M>、色阶工具快捷键<Ctrl+L>等对产品进行修饰、微调，调整整体色相及局部色彩偏向，绘制玻璃水壶的标题、环境背景、投影、倒影等，完成作品如图5-165所示。

图 5-163 底托高光制作

图 5-164 底托效果

图 5-165 水壶整体效果

小结

本节主要介绍了用 Photoshop 软件绘制透明水壶产品的光影表现过程,重点是对水壶的透明材质、金属材质和塑料材质等的效果表现,以及素材的合成技巧进行讲解。

【测一测】

实操题

根据图 5-166 所示的吹风机二维效果图进行练习,注意透明、光亮以及塑料材质金属质感的表现。

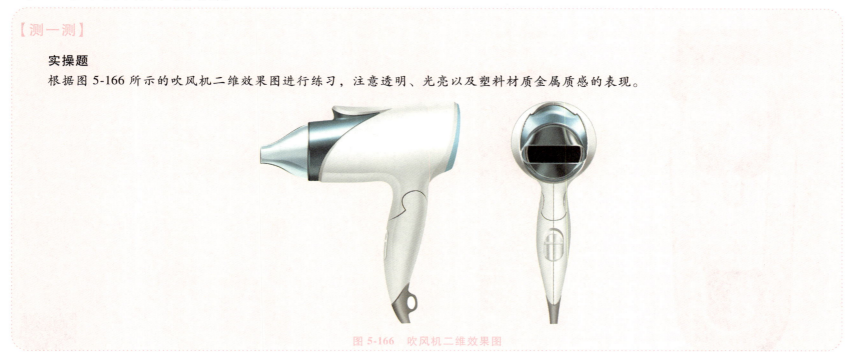

图 5-166 吹风机二维效果图

5.5 剃须刀 Photoshop 表现

本案例选择剃须刀作为表现对象。剃须刀虽然只是日用小产品,但由于其细节很多、材质类型丰富,所以表现起来步骤较多。在剃须刀产品二维表现过程中,遵循左上角光源的光影关系,具体操作步骤如下所述。

5.5.1　剃须刀各部件分件色块创建

步骤1：首先建立一个大小为21cm×29.7cm、分辨率为300dpi的新文件。将剃须刀素材复制到新建文件建立的背景图层中，在背景图层上用钢笔工具创建一个剃须刀轮廓路径，工具选项中选择"路径"模式（见图5-167、图5-168）。

图5-167　钢笔工具　　　　　　　　　　　　　　　　图5-168　剃须刀轮廓

步骤2：将路径转化为选区（按<Ctrl+Enter>键），如图5-169所示，在图层面板新建图层1，再将生成的选区填充前景色（按<Alt+Delete>键）到图层1为色块并取消选区（按<Ctrl+D>键），如图5-170所示。

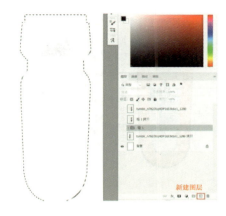
图 5-169 路径转化为选区

图 5-170 填充选区

步骤3：使用钢笔工具，利用绘制好的大轮廓色块创建剃须刀各部件轮廓（见图5-171），将路径转化为选区（按<Ctrl+Enter>键）（见图5-172），选中主体色块图层1，剪切图层（按<Ctrl+J>键），分离出剃须刀各个部件色块。

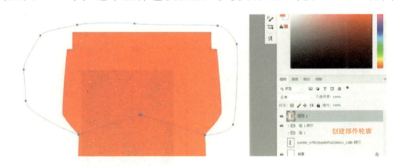
图 5-171 钢笔路径

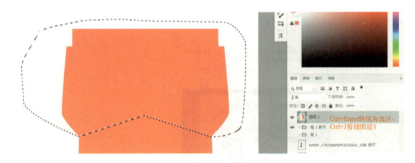
图 5-172 路径转化为选区

步骤4：使用色相/饱和度工具（按<Ctrl+U>键）对分件色块进行颜色更换，使其与主体色块进行色彩区分，如图5-173所示。重复用钢笔工具创建部件轮廓，将路径转化为选区（按<Ctrl+Enter>键），剪切对应图层（按<Ctrl+J>键），完成所有部件分块，如图5-174所示。

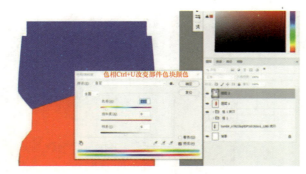

图 5-173　色相工具　　　　　　　　　　　　　　　　　　　图 5-174　剃须刀各部件色块

5.5.2　剃须刀各部件光影表现

步骤1：剃须刀主体色块光影表现。使用移动工具快捷键<V>关闭自动选择模式。按住<Ctrl>键并单击文档中对应的色块，选中对应色块图层。在图层面板中选中锁定透明像素（可以提前将所有色块图层的透明像素锁住），如图5-175、图5-176所示。根据左上角光影关系，利用渐变工具快捷键<G>设置渐变为线性渐变模式，打开渐变编辑器，设置渐变颜色、类型，对选中的色块进行渐变填充，如图5-177~图5-179所示。

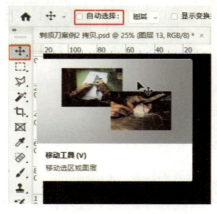

图 5-175　移动工具　　　　　　　图 5-176　锁住透明像素　　　　　　图 5-177　渐变工具

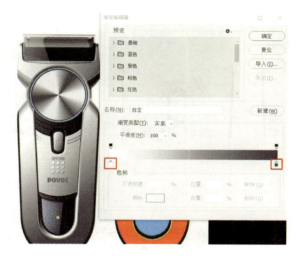

图 5-178 渐变设置

图 5-179 光影效果

步骤 2：利用画笔工具快捷键<B>对主体色块光影进行细化完善，画笔工具为柔边圆模式，如图 5-180、图 5-181 所示。

图 5-180 画笔工具

图 5-181 柔边圆模式

步骤3：利用钢笔路径工具创建细节色块，用钢笔工具绘制细节色块轮廓，将路径转化为选区（按<Ctrl+Enter>键），剪切对应图层（按<Ctrl+J>键），锁住透明像素，填充前景色蓝色（按<Alt+Delete>键），得到蓝色色块，如图5-182所示。

步骤4：利用画笔、高斯模糊工具制作细节色块光影（见图5-183）。将细节色块整体填充成灰色，再用画笔刷出明暗关系，利用高斯模糊设置色块边界过渡关系。用画笔上色时，按由内向外的原则进行。在这一步，需注意整体产品设计绘制在画面中的明暗过渡，最终效果如图5-184所示。

图 5-182　细节色块选区

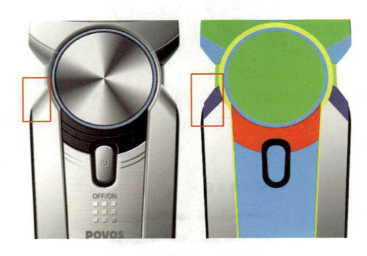

图 5-183　细节色块

图 5-184　细节色块效果

步骤5：刀头色块光影表现。按住<Ctrl>键并单击文档中对应的色块，选中对应刀头色块图层。在图层面板中选中锁定透明像素，根据左上角光影关系，利用渐变工具快捷键<G>设置渐变为线性渐变模式，打开渐变编辑器，设置渐变颜色、类型。对选中的色块进行渐变填充，效果如图5-185所示。

步骤6：利用钢笔路径工具创建刀头细节色块。用钢笔工具绘制细节色块轮廓，将路径转化为选区（按<Ctrl+Enter>键），剪切对应图层（按<Ctrl+J>键），锁住透明像素，填充前景色蓝色（按<Alt+Delete>键），得到蓝色色块，如图5-186所示。

步骤7：利用画笔、高斯模糊工具制作刀头色块细节光影。将细节色块整体填充成灰色，再用画笔刷出明暗关系，利用高斯模糊设置色块边界过渡关系。在这一步，需注意整体产品设计绘制在画面中的明暗过渡，最终效果，如图5-187所示。

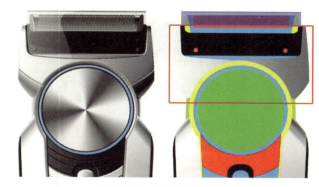

图5-185　刀头色块光影

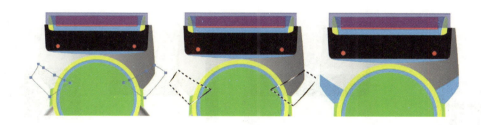

图5-186　刀头细节色块创建

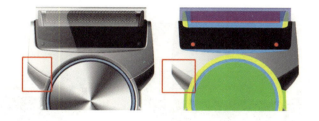

图5-187　细节效果

步骤8：利用描边工具制作刀头分模线效果。按住<Ctrl>键并单击刀头细节色块对应图层，调出对应选区，新建图层。使用描边工具，设置描边宽度为4像素，位置选择居外（见图5-188）。重复描边，设置描边宽度为4像素，位置选择内部，描边颜色与第一次描边要区分开，效果如图5-189所示。注意：每次描边前须先新建图层。

步骤9：利用钢笔工具选出不需要的描边色块区域，按<Delete>键删除，如图5-190所示。具体操作为，按<Ctrl+Enter>键将路径转化为选区，选中对应图层，按<Delete>键删除不需要的色块，按<Ctrl+D>键取消选区。

步骤10：分模线描边色块上色。根据左上角光影关系，使用画笔工具刷出明暗关系，迎光面为亮色，背光面为暗色。使用高斯模糊工具设置色块边界过渡关系。在这一步，需注意分模细节在画面中的明暗过渡，最终效果如图5-191所示。

步骤11：刀头部件其他细节绘制。使用画笔刷出明暗关系，最终效果如图5-192所示。

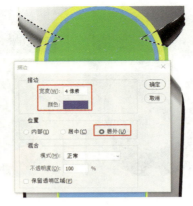

图 5-188 描边工具

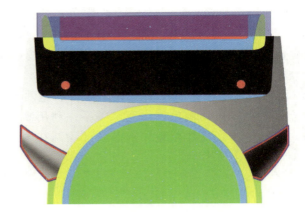

图 5-189 描边效果

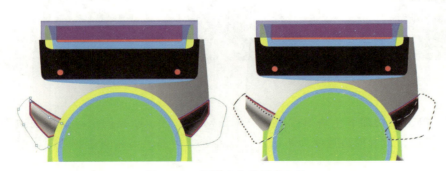

图 5-190 删除多余分模线色块

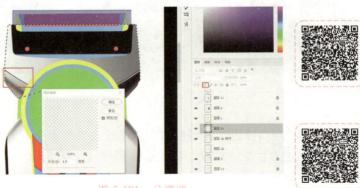

图 5-191 分模线

步骤12：金属刀网部件绘制。在粉色图层关系上使用形状创建工具，设置模式为形状，边为6，填充黑色，描边为无，绘制一个六边形形状层，命名为"刀网"（见图 5-193）。再次使用变换工具进行横向刀网形状阵列操作。首先按<Ctrl+J>键复制"刀网形状层"，再按<Ctrl+T>键并按住<Shift>键沿水平方向移动"刀网形状层"，然后按<Enter>键结束变换操作。最后，同时按住<Ctrl+Shift+Alt+T>键，每按一次快捷键<T>会移动复制出一个新的"刀网形状层"，效果如图 5-194 所示。

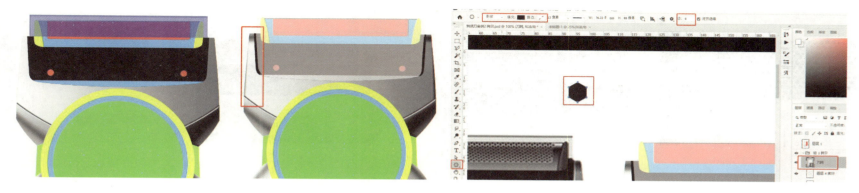

图 5-192　刀头部件细节效果

图 5-193　形状创建

步骤 13：纵向刀网形状阵列操作。按<Ctrl+E>键将上面制作的刀网形状合并为一个形状层，按<Ctrl+J>键复制一组横向刀网层，用移动工具快捷键<V>将两组形状层左右、上下错开放置，按<Ctrl+E>键将其合并为一个形状层。重复阵列操作，按<Ctrl+J>键复制"刀网形状层"，按<Ctrl+T>键并按住<Shift>键沿竖直方向移动"刀网形状层"，按<Enter>键结束变换操作。最后，同时按住<Ctrl+Shift+Alt+T>键，每按一次快捷键<T>会移动复制出一个新的"刀网形状层"，效果如图 5-195 所示。

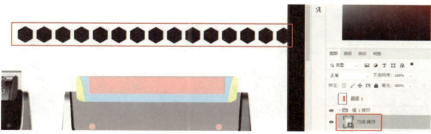

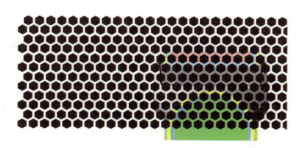

图 5-194　横向刀网形状阵列操作

图 5-195　纵向刀网形状阵列操作

步骤 14：刀网形状大小调整。按<Ctrl+T>键，再按住<Shift+Alt>键进行等比缩放，将刀网形状调整至合适大小（见图 5-196），然后将指针放在两个图层之间并按住<Alt>键再单击，将刀网形状层嵌入到下面的图层区域内（见图 5-197）。

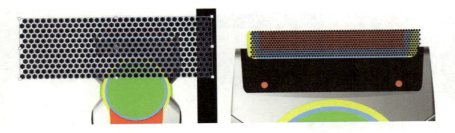  

图 5-196　刀网形状调整　　　　　　　　图 5-197　刀网形状嵌入

步骤 15：对刀网红色图层上色，表达光影。使用画笔刷出明暗关系，最终效果如图 5-198 所示。

步骤 16：刀网部件其他部件光影绘制。使用渐变工具快捷键<G>和画笔工具快捷键<B>刷出部件明暗关系，最终效果如图 5-199 所示。

步骤 17：刀网透明盖绘制。使用渐变工具快捷键<G>和画笔工具快捷键<B>刷出透明盖明暗关系（见图 5-200），然后利用钢笔路径工具创建反光板色块（见图 5-201），再用钢笔工具绘制轮廓，并将路径转化为选区（按<Ctrl+Enter>键），剪切对应图层（按<Ctrl+J>键），锁住透明像素，填充前景色白色（按<Alt+Delete>键），设置透明盖和反光板图层的不透明度为 30，效果如图 5-202 所示。

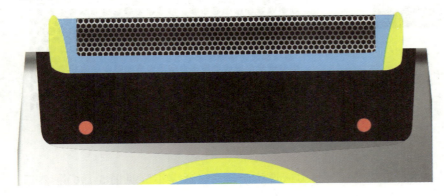 

图 5-198　刀网光影效果　　　　　　　　图 5-199　刀网整体效果

第5章 产品Photoshop数字化表现

图 5-200 透明盖色块创建

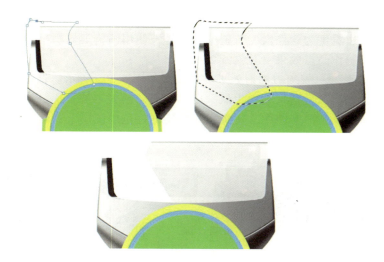

图 5-201 透明盖反光板创建

步骤18：利用描边工具制作刀网透明盖效果。按住<Ctrl>键并单击透明盖色块对应图层调出对应选区，新建图层，使用描边工具，设置描边宽度为3像素，位置选择内部。使用画笔工具刷出明暗关系，迎光面为亮色，背光面为暗色（见图5-203）。

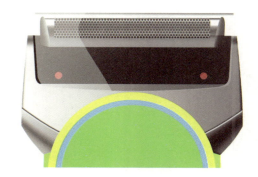

图 5-202 透明盖光影效果 　　　　　　　　　图 5-203 透明盖整体效果

179

步骤19：利用描边工具制作刀网分模线、凸点等效果。按住<Ctrl>键并单击透明盖图层调出对应选区，新建图层。使用描边工具，设置描边宽度为3像素，位置选择居外，使用画笔工具刷出明暗关系，迎光面为亮色，背光面为暗色，再使用渐变工具，选择径向渐变模式，制作凸点效果（见图5-204）。

步骤20：剃须刀镭射效果装饰表现如图5-205所示。镭射效果表现：首先新建一个大小为21cm×29.7cm、分辨率为300dpi的新文件，设置前、后背景颜色为黑、白，使用"滤镜→滤镜库→半调图案"选项，具体参数如图5-206所示，生成一个圆形图案文档，将图案移动到剃须刀文档中，放置在绿色装饰件色块图层上；然后使用移动工具快捷键<V>设置两个图层居中对齐，按住<Ctrl>键并单击绿色色块对应图层调出对应选区，选择圆形图案图层，选择水平居中对齐和垂直居中对齐，如图5-207所示。

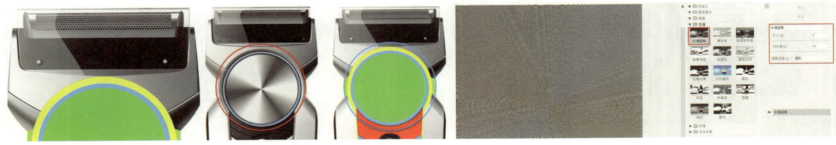

图 5-204　刀网分模线　　　　图 5-205　镭射效果装饰色块　　　　图 5-206　半调图案滤镜

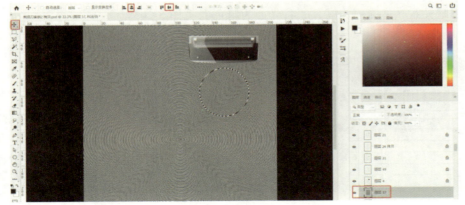

图 5-207　半调图案创建

步骤21：镭射光影效果表现。利用渐变工具快捷键<G>，设置渐变为角度渐变模式，打开渐变编辑器，设置渐变颜色、类型，对选中的色块进行渐变填充，填充时可以拉出辅助线来确定渐变的中心（见图5-208）。

步骤22：将图案图层嵌入到下面的镭射光影图层内。将鼠标放在两个图层之间，按住<Alt>键再单击，图案图层就会嵌入到下面的图层区域内，设置图案图层的不透明度为40%，图层混合模式为叠加（见图5-209）。

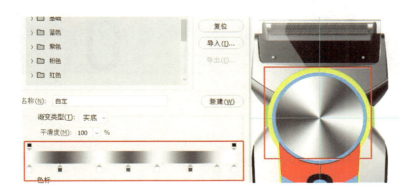

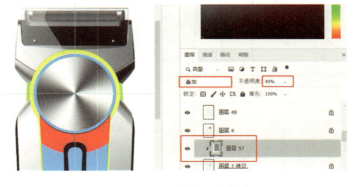

图 5-208　角度渐变设置

图 5-209　图层叠加混合模式

步骤23：利用描边工具、画笔、高斯模糊工具，制作细节色块光影。首先使用描边工具创建多个边缘层次色块，描边时要处理好描边色块的层次堆叠关系、描边宽度等，然后将细节色块整体填充成灰色，再用画笔刷出明暗关系。利用高斯模糊工具设置色块边界过渡关系（根据需要调整笔刷的大小和透明度），最终效果如图 5-210 所示。

步骤24：剃须刀机身装饰件表现如图 5-211 所示，操作为：按<Alt+Delete>键将红色装饰件图层填充为黑色色块，利用钢笔路径描边工具创建内部细节色块（新建图层，创建钢笔路径，按快捷键<B>转换为画笔工具，笔触为硬边圆、大小为 5 像素、不透明度为 100%），再使用画笔路径描边工具，按<Ctrl+H>键隐藏路径，完成细节色块的创建（见图 5-212）。

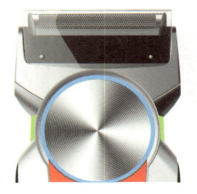

图 5-210　镭射装饰件效果

  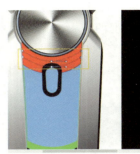  

图 5-211　创建装饰件色块　　　　　　　　　　　　　图 5-212　画笔路径描边操作

步骤 25：制作黑色装饰件光影效果，如图 5-213 所示。

步骤 26：拉丝面板效果表现。首先新建一个大小为 21cm×29.7cm、分辨率为 300dpi 的新文件，设置前、后背景颜色为黑、白，使用"滤镜→杂色"工具添加杂色具体参数（见图 5-214），再使用"滤镜→模糊→动感模糊工具设置具体参数（见图 5-215）然后使用色阶调整明暗对比度，将拉丝文档移动到剃须刀文档中，放置在蓝色装饰件色块图层上。最后，将拉丝图层嵌入到下面蓝色光影图层内，（见图 5-216），利用画笔工具绘制蓝色图层光影效果，设置拉丝图层的不透明度为 40%，图层混合模式为叠加（见图 5-217）。

图 5-213　黑色装饰件效果　　　　图 5-214　添加杂色滤镜　　　　图 5-215　动感模糊滤镜

步骤27：制作拉丝装饰件其他区域光影效果，如图5-218所示。

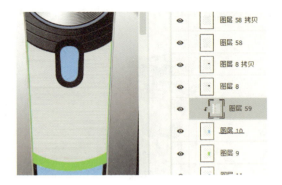

图5-216　图层嵌入操作　　　　　　图5-217　拉丝面板光影表现　　　　　　图5-218　拉丝面板效果

步骤28：制作剃须刀按键区域光影，最终效果如图5-219所示。

步骤29：透明装饰件表现。使用渐变工具快捷键<G>和画笔工具快捷键<B>刷出透明装饰件明暗关系（见图5-220），再利用钢笔路径工具创建反光板色块（见图5-221），设置透明装饰件和反光板图层不透明度为30%，在透明件上嵌入纹理素材并绘制细节光影效果，如图5-222所示。

图5-219　按键效果　　　　图5-220　光影效果　　　　　　　　图5-221　创建反光板色块

步骤30：指示灯表现。使用形状工具、渐变工具（径向渐变模式）、高斯模糊工具等绘制指示灯效果，如图 5-223 所示。

步骤31：使用色相/饱和度工具快捷键<Ctrl+U>、曲线工具快捷键<Ctrl+M>、色阶工具快捷键<Ctrl+L>对产品进行修饰微调，调整剃须刀整体色彩偏向，完成剃须刀的整体效果，如图 5-224 所示。

图 5-222　透明装饰件效果　　　　　　　图 5-223　指示灯效果　　　　　　　图 5-224　剃须刀整体效果

小结

本节主要介绍了用 Photoshop 软件绘制剃须刀产品的光影表现过程，重点是对不同金属质感的表现，包括拉丝、镭射、透明装饰件的表现，以及素材的合成技巧。

【测一测】

一、选择题

1. 组成位图图像的基本单位是（　　）。

A．节点　　　　　B．色彩空间　　　　　C．像素　　　　　D．路径

2. 在 Photoshop 软件中，如果想使用"矩形选框工具"或"椭圆选框工具"画出一个正方形或圆选区，需要按住（　　）键。

A．<Ctrl>　　　　B．<Shift>　　　　C．<Alt>　　　　D．<Tab>

3. 当使用绘图工具时，（　　）可以暂时切换到吸管工具。

A. 按住<Alt>键　　　　　B. 按住<Shift>键　　　　C. 按住<Ctrl>键　　　　D. 按住<Alt+I>键

4. 使用钢笔工具可以绘制的最简单线条是（　　）。

A. 直线　　　　　　　　B. 曲线　　　　　　　　C. 锚点　　　　　　　　D. 像素

5. 复制一个图层，操作正确的是（　　）。

A. 执行"编辑"/"复制"命令　　　　　　　　B. 执行"图像"/"复制"命令

C. 执行"文件"/"复制图层"命令　　　　　　D. 将图层拖放到图层面板下方创建新图层的图标上

二、实操题

根据图 5-225 所示的厨师机图片，绘制出厨师机产品二维效果，要求产品质感光影表达精细，产品细节表达到位。

图 5-225　厨师机图片

参 考 文 献

［1］ 梁军，罗剑，张帅，等. 借笔建模：寻找产品设计手绘的截拳道［M］. 沈阳：辽宁美术出版社，2013.
［2］ 单军军. 产品设计手绘表现［M］. 沈阳：辽宁科学技术出版社，2018.
［3］ 马赛. 工业产品手绘与创新设计表达：从草图构思到产品的实现［M］. 北京：人民邮电出版社，2017.
［4］ 赵竞，尹章伟. 产品效果图电脑表现技法［M］. 北京：化学工业出版社，2022.